Prüfungswissen kompakt

Sandro Urbani

Technische Fachwirte

Fertigungs- und Betriebstechnik

Vorbereitung auf die IHK-Klausur
Technische Qualifikationen

Inhalt nach DIHK-Rahmenplan für die Klausur

„Fertigungs- und Betriebstechnik"

Saarbrücken, Okt. 2

Copyright: Fachwirteverlag Fresow

Kontakt: *TFW@fachwirteverlag.de*

© 2023 Fachwirteverlag, Reinhard Fresow

Umschlaggestaltung: Simone Meckel

Herstellung und Vertrieb: BoD – Books on Demand
ISBN 978-3-95887-733-7 –3. Auflage

Hinweis des Verlags:

Sobald eine neue Klausur verfügbar ist, wird eine pdf-Datei der erforderlichen Aktualisierungen und eventuellen Ergänzungen erstellt und allen registrierten Lesern per mail zugesandt. Zur Registrierung genügt eine mail mit dem Betreff „newsletter" an *tfw@fachwirteverlag.de*

Informationsaustausch und Antworten auf Leserfragen in der **Facebook-Gruppe**
„TFW – Club der Technischen Fachwirte"

Inhaltsverzeichnis

1 FESTLEGEN DER FERTIGUNGSVERFAHREN 7
   1.1 Einteilung der Fertigungsverfahren 7
      1.1.1 Urformen 7
      1.1.2 Umformen 8
      1.1.3 Trennen 8
      1.1.4 Fügen 9
      1.1.5 Stoffeigenschaften ändern 10
      1.1.6 Beschichten 10
   1.2 Technologische Grundlagen des Zerspanens ... 11
      1.2.1 Zerspanbarkeit 11
      1.2.2 Einflussfaktoren 11
      1.2.3 Bezeichnungen und Winkel am Schneidkeil, Werkzeugwirkung 12
      1.2.4 Spanbildung und Spanarten 12
      1.2.5 Verschleiß 12
      1.2.6 Standzeit 13
   1.3 Drehen- Schnittdaten und Zusammenhänge ... 14
   1.4 Fräsen Schnittdaten und Zusammenhänge 23
   1.5 Bohren 28
      1.5.1 Werkzeuge 28
      1.5.2 Bohrverfahren/ Maschinenarten 29
      1.5.3 Schnittdaten und Zusammenhänge 31
   1.6 Schleifen 35

    1.6.1   Schleifverfahren und Maschinenarten 35

  1.7   Erforderliche technische Daten beim Drehen, Fräsen und Bohren 38

2   ARTEN DER FÜGETECHNIKEN 44

  2.1   Einteilung und Wirkungsweise der Fügetechniken 44

  2.2   Schraubenverbindungen 45

  2.3   Stiftverbindungen 46

  2.4   Nietverbindungen 47

  2.5   Welle-Nabe-Verbindung 49

  2.6   Kleben 51

  2.7   Löten 52

  2.8   Schweißen 52

3   INSTANDHALTUNGSMASSNAHMEN 53

  3.1   Instandhaltungsstrategien 55

  3.2   Wartung 57

  3.3   Inspektion 58

  3.4   Instandsetzen 59

4   EINSATZ NEUER WERKSTOFFE, VERFAHREN UND BETRIEBSMITTEL 60

5   STEUERUNGS- UND REGELUNGSTECHNIK (Pneumatik/ Hydraulik/ SPS) 65

  5.1   Pneumatik 65

    5.1.1   Spezifischer Luftverbrauch 75

  5.2   Elektropneumatik 78

5.3	Hydraulik	83
5.4	Elektrohydraulik	90
5.5	SPS	93
5.6	Regelungstechnik	94
5.7	Sensoren	102
5.7.1	Sensortypen	102
5.8	CNC-Steuerung	103
5.8.1	Aufbau und Wirkungsweise NC-gesteuerter Maschinen	117
6	AUTOMATISIERUNGSSYSTEME UND FÖRDERTECHNIK	119
6.1	Flexible- und automatisierte Fertigung	119
6.2	Handhabungssysteme	119
6.3	Förder- und Speichersysteme	124
7	RECHNERGESTÜTZTE SYSTEME CAD/ CAM	131
7.1	CAD-Techniken	134
7.1.1	Grundlagen der rechnergestützten Konstruktion und Fertigung	137
7.1.2	Skizzenerstellung und Bauteilmodellierung	138
7.1.3	Einsatzbereiche	147
7.2	CAD/ CAM	150
7.2.1	CNC-Kopplung	151
7.2.2	Postprozessor	152
7.2.3	Schnittstellen	152

	7.2.4	Probleme bei der CAD/CAM-Produktion 154
8	GLOSSAR CAx	 155
Stichwortverzeichnis		 158

Hinweis des Verlags:

Die kursiv gesetzten Einträge *F20...* bzw. *H20..* verweisen auf die Frühjahrs- bzw. Herbstklausur des genannten Jahres, in der dieses Thema vorkam.

Einige im Original farbige Darstellungen sind in diesem s/w-Druck nicht gut erkennbar. Ein Druck in 4-c würde jedoch einen deutlich höheren Verkaufspreis erfordern! Sie erhalten auf Wunsch per mail eine PDF-Datei 4-c mit diesen Grafiken und Fotos.

tfw@fachwirteverlag.de

1 FESTLEGEN DER FERTIGUNGSVERFAHREN

1.1 Einteilung der Fertigungsverfahren

Die Einteilung der Fertigungsverfahren erfolgt nach DIN 8580. Die große Vielzahl der verschiedenen Fertigungsverfahren lassen sich in sechs Hauptgruppen einordnen: **Urformen, Umformen, Fügen, Trennen, Beschichten** und **Stoffeigenschaften** ändern.

Insbesondere die Hauptgruppe „Trennen", wird laut Rahmenplan besonders ausführlich behandelt. Zu den Prüfungen werden gründliche Kenntnisse zur Berechnung der Hauptnutzungszeiten und Schnittkräfte der wichtigsten spanenden Fertigungsverfahren erwartet. Prüfungsrelevant wird häufig die Berechnung der Hauptnutzungszeit beim **Drehen, Fräsen, Bohren** und **Schleifen** gefordert. Neben den eigentlichen Fertigungsverfahren muss zunächst mit dem Tabellenbuch geprüft werden, ob es sich, beispielsweise beim Drehen, um Plandrehen oder Längsdrehen handelt, beim Fräsen um Umfangsfräsen oder Stirnfräsen. Ähnliches gilt für die anderen Fertigungsverfahren.

1.1.1 Urformen

Als eines der ältesten Fertigungsverfahren gilt das, Gießen, eine in Formen gegossene Metallschmelze. Es werden zwei Typen unterschieden: „Verlorene Formen" nur einmalig verwendbar, oder Dauerformen, wiederverwendbar für die Massenfertigung

Das **Spritzgießen**, zählt zu den modernen Verfahren der Massenfertigung, zur Herstellung von Kunststoffteilen. Es wird Kunststoffgranulat unter Wärmeeinfluss verflüssigt und in eine Form gespritzt. Die Herstellung der Formen ist kostspielig und lohnt sich nur bei hohen Stückzahlen.

1.1.2 Umformen

Ein Klassisches Umformverfahren ist das Biegen mit Biegewerkzeugen, materialerhaltend.

1.1.3 Trennen

Zur Hauptgruppe „Trennen" gehören beispielsweise stoffvermindernde Zerspanvorgänge, konventionell oder automatisiert:

- CNC gesteuerte Massenfertigung
- Stanztechnik, in der Massenfertigung zur Herstellung von Maschinenelementen wie Unterlegscheiben, Blechteile, Karosseriebleche für PKW.

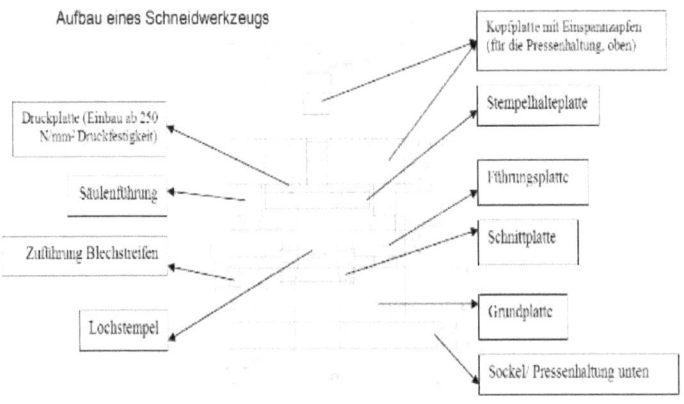

Aufbau eines Schneidwerkzeugs

- Laser- und Wasserstrahlschneiden
- Draht- und Staberodieren

1.1.4 Fügen

Lösbare und unlösbare Fügeverbindungen

Lösbar:

Vgl. Abbildung: Schraubstock, mit vielen Schraubverbindungen

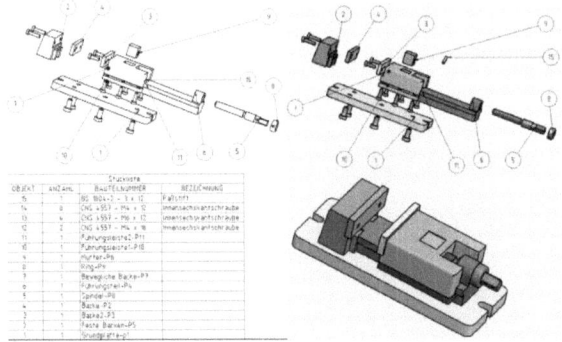

Unlösbar (nicht zerstörungsfrei):
Schweißverbindungen, Klebverbindungen, Nietverbindungen

1.1.5 Stoffeigenschaften ändern

Die Wärmebehandlung: Durch das Anlassen und Härten wird das Gefüge durch das Einbringen hoher Temperaturen und/ oder Stoffen (Stickstoff beim Nitrieren), in einem Metall und somit dessen Eigenschaften verändert. Weitere Verfahren: Härten und Anlassen, Vergüten

1.1.6 Beschichten
F2022

Lackieren zur Dekoration/ und vor allem bei Metallen zum Korrosionsschutz. Zudem wird die Abnutzung verbessert und Lebensdauer erhöht. Beschichten erfolgt zumeist in der Industrie automatisiert, oder einzeln, beispielsweise in Lackierwerkstätten für Autos. Das Beschichten wird nachstehend weiter unterteilt:

		Beschichtungsverfahren		
Gasförmiger Zustand	Flüssiger Zustand	Gelöster oder ionisierter Zustand	Fester Zustand
→ Chemische Gasphasenabscheidung	→ Bemalen	→ Galvanisieren	→ Thermisches Spritzen
→ Physikalische Gasphasenabscheidung	→ Lackieren	→ Chromatieren	→ Pulverbeschichten
	→ Spritzlackieren	→ Verzinken	→ Auftraglöten
	→ thermisches Spritzen	→ Phosphatieren	→ Auftragschweißen
	→ Plastifizieren	→ Verzinnen	
	→ Tauchlackierung		
	→ Schmelztauchen		
	→ Emaillieren		

1.2 Technologische Grundlagen des Zerspanens

1.2.1 Zerspanbarkeit

Die Zerspanbarkeit von Metallen und Kunststoffen wird überwiegend von der Zusammensetzung des Werkstoffes bestimmt. **Beispiel, Zerspanen von Wellen beim Drehen:** Erwünscht ist der Bruchspan. Bei einem Stahl aus der Gruppe der Automatenstähle brechen die Späne durch den relativ hohen Schwefelgehalt. Unerwünscht bei hochwertigen Edelstählen mit hohem Chrom-Vanadium-Gehalt sind Fließspäne, diese bilden sehr lange und sperrige Späne aus, diese benötigen erheblich mehr Raum und behindern häufig den zügigen Abtransport der Späne.

1.2.2 Einflussfaktoren

...des Zerspanens können sein:

- Art und Umfang einer Losgröße
- Hauptnutzungszeiten
- Schnitt- und Geometriedaten

1.2.3 Bezeichnungen und Winkel am Schneidkeil, Werkzeugwirkung

„Keil an der Werkzeugschneide"

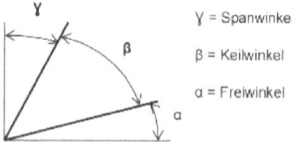

Der Keil, gilt als das erste brauchbare Werkzeug des Menschen. Der Keil an der Werkzeugschneide findet sich bei allen konventionellen und automatisierten Zerspanvorgängen, stoffvermindernd, wieder: z.B.: Drehen, Fräsen, Bohren und Schleifen.

1.2.4 Spanbildung und Spanarten

Bei der spanenden Bearbeitung von Metallen werden hauptsächlich der Bruchspan, erwünscht, und dem Fließspan, unerwünscht, unterschieden.

1.2.5 Verschleiß

Durch hohe mechanische Belastung und hohe Hitzeeinwirkung am Zerspanungswerkzeug kann Verschleiß auf verschiedene Arten entstehen. Vergleiche hier die Winkelbezeichnung an der Grafik oben „Keil an der Werkzeugschneide", analog der Keilgeometrie: Spanfläche, Keil, und Freifläche. Unterschieden wird hauptsächlich der **Kolkverschleiß** und der **Freiflächenverschleiß**. Der Kolkverschleiß hat eine muldenförmige Ausprägung an der **Spanfläche** der Werkzeugschneide.

Der Freiflächenverschleiß, wie der Begriff sagt, entsteht an der **Freifläche** des Werkzeugs. Auf beide Verschleißarten wirken falsch gewählte Schnittgeschwindigkeiten und Vorschübe ein. Der Schneidstoff selbst kann auch eine Ursache sein, wenn das Ende der **Standzeit** verfrüht einsetzt. Mit verschlissenen Zerspanungswerkzeugen zu arbeiten, kann sich ungünstig auf die Oberfläche, Formgenauigkeit und Maßhaltigkeit des Werkstücks auswirken.

1.2.6 **Standzeit**

Mit Standzeit ist ein Werkzeug gemeint, beispielsweise ein Hartmetalldrehmeißel, - die Zeit bis die Wendeschneidplatte stumpf wird und gewechselt werden muss. Ähnliches gilt für HSS- Stähle die auch von Hand geschliffen werden können, hier spricht man von der Zeit, von Anschliff zu Anschliff. Also die Zeit wie lange das Werkzeug eine saubere Oberfläche herstellen kann, ohne Riefen, oder rauhe Oberflächen zu erzeugen.

1.3 Drehen- Schnittdaten und Zusammenhänge

F2023, F2021, F2020, H2020, F2018, H2015

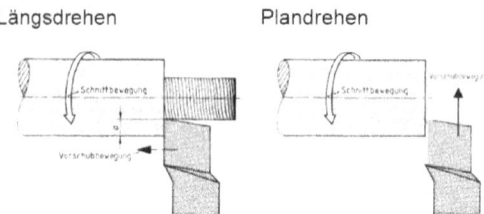

Als Schnittdaten gelten folgende Größen:

ap = Schnitttiefe
f = Vorschub
v_c = Schnittgeschwindigkeit

Einflussnehmende Parameter darauf sind:

⇒ die Standzeit des Werkzeugs
⇒ die Oberflächengüte des Werkstücks
⇒ die Schnittkräfte und die Antriebsleistung
⇒ die Spanbildung: Bruchspan entsteht eher beim Schlichten, Fließspan entsteht eher bei Schruppvorgängen
⇒ das Zeitspanungsvolumen

Zur Bestimmung von Antriebsleistungen [P_{zu}] an spanabhebenden Maschinen wird die Ermittlung der Schnittleistung [P_c] benötigt. Voraussetzung dafür ist die Berechnung der Schnittkraft [F_c].

Die Schnittkraft [**Fc**] beim Drehen, Bohren und Fräsen mit geometrisch bestimmter Schneide lässt sich durch die folgende Gleichung bestimmen.

Schnittleistung P_c

$$P_c = F_c \cdot v_c$$

Pc= Schnittleistung [kW]

Fc= Schnittkraft [N]

Vc= Schnittgeschwindigkeit [m/min]

Schnittkraft Fc

$$F_c = a_p \cdot f \cdot k_c$$

ap = Schnitttiefe [mm]

kc = spezifische Schnittkraft [N/mm2]

f = Vorschub [mm]

Die Ermittlung der spezifischen Schnittkraft

Zum Umgang mit dem Tabellenbuch, insbesondere beim Aufsuchen der korrekten Schnittdaten: Durch die verschiedenen Auflagen der Tabellenbücher können die gesuchten Werte unterschiedlich sein. Je nachdem, wie nach Auflage die Tabelle aufgebaut ist, wird **kc** direkt angegeben, oder muss mit **$kc_{1.1}$** und **m_c** rechnerisch ermittelt werden, oder beide Möglichkeiten bestehen.

Hinzu kommt die Angabe des Werkzeugverschleißes, die im Fußnotenbereich mit **30%** angegeben wird. Entweder wurde dieser Wert berücksichtigt, dann sind die Werte um diese 30% höher als normal oder kann, wahlweise, hinzugerechnet werden.

Ein Faktor zur Berechnung der Schnittkraft **Fc** ist die spezifische Schnittkraft **kc**. Für die Ermittlung von **kc** können drei Methoden zur Anwendung kommen.

Die **erste** Methode:
Die spezifische Schnittkraft **k_c**:
> ⇒ 30% Aufschlag für Werkzeugverschleiß
> ⇒ Korrekturfaktoren C_1 bis C_3

Die **zweite** Methode:
Die spezifische Schnittkraft k:
> ⇒ tabellarisch, in Abhängigkeit von dem Werkstoff und der Spanungsdicke, inkl. Werkzeugverschleiß
> ⇒ Korrekturfaktoren C_1 bis C_3

$$k_c = k \cdot C_1 \cdot C_2 \cdot C_3$$

Die **dritte** Methode:
Rechnerisch, aus den tabellarisch zu ermittelnden Werten, $kc_{1.1}$, h, und mc.
Für die spezifische Schnittkraft **k_c** gilt:

$$kc = \frac{kc_{1.1}}{h^{mc}} \cdot C_1 \cdot C_2 \cdot C_3$$

kc = spezifische Schnittkraft [N/mm2]

k = spezifische Schnittkraft [N/mm2] abhängig von der Spanungsdicke und dem Werkstoff

$kc_{1.1}$ = spezifische Schnittkraft [N/mm2] für den Spanungsquerschnitt von 1 mm², werkstoffbezogener Wert auf die Spanungsbreite b = 1 mm und die Spanungsdicke h = 1 mm

m_c = Werkstoffkonstante [ohne Einheit]

h = Spanungsdicke [mm]

Die Korrekturfaktoren **C** können je nach Tabellenbuch und Auflage, unterschiedlich ausgewiesen sein.
In der Regel gilt:
Korrekturfaktor C_1 für den Schneidstoff
Korrekturfaktor C_2 für den Schneidenverschleiß (Abstumpfung)
Die genauen Werte stehen in den Tabellenbüchern unter den jeweiligen Zerspanungsverfahren Drehen, Fräsen oder Bohren. Fußnoten sind dort stets zu beachten.

Es folgt ein Berechnungsbeispiel mit drei zusammenhängenden Lösungsgängen vgl. Tab. (ab 45. Aufl./ Europaverlag)

1. **Schnittkraft** ermitteln
2. **Längsdrehen:** Hauptnutzungszeit ermitteln mit **konstanter Schnittgeschwindigkeit** (Die Schnittgeschwindigkeit, v_c, bleibt konstant, die Drehzahl wird automatisch und stufenlos durch die digitale Regelung auf v_c angepasst, verfügbar auf CNC- Maschinen)

3. **Plandrehen:** Hauptnutzungszeit ermitteln mit **konstanter Drehzahl** (Die eingestellte Drehzahl, n, bliebt konstant, die Schnittgeschwindigkeit passt sich der Drehzahl an)

1. **BERECHNUNGSBEISPIEL** Teil1, **Schnittkraft:**

F2023, H2021, *H2020, F2020, F2018, H2017*

Welle

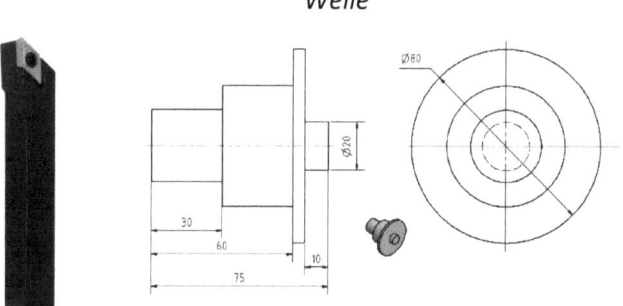

Drehmeißel mit
Wendeschneidplatte zum
Längs- und Plandrehen

Sie erhalten den Auftrag, die Welle (vgl. Zeichnung, Welle) zu fertigen. Die Welle wird mit einem Hartmetallwerkzeug längs gedreht (Schruppbearbeitung).

Folgende Werte nach Tb.Aufl.49: Folgende Werte sind bekannt:

- **f** = 0,525 mm

- **a_p** = 5 mm

- Einstellwinkel: 90°

- Wirkungsgrad (η) der Maschine: 85 %

- ohne Abstumpfung

- Werkstoff: S235JR

Berechnen Sie nachvollziehbar die **Maschinenleistung der Drehmaschine.**

Folgende Werte nach Tb.S.315 sind zu ermitteln:

$kc_{1.1}$ = 1780 N/mm²

m_c = 0,17

V_c = 300 m/min = 5 m/s

Spanungsquerschnitt:

$$A = a_p \cdot f = 5mm \cdot 0{,}525mm = 2{,}625 mm^2$$

Spanungsdicke:

$$h = f \cdot \sin_\chi = 0{,}525mm \cdot \sin 90°$$
$$= 0{,}525mm \cdot 1 = 0{,}525mm$$

Spezifische Schnittkraft:

$$k_c = \frac{k_{c1.1}}{h^{m_c}} = \frac{1780 \text{ N/mm}^2}{0{,}525^{0{,}17}} = 1.986{,}06 \text{ N/mm}^2$$

(oder k_c nach Tb. bei **h** = 0,5mm = 2003 N/mm²)

Schnittkraft:

$$F_c = A \cdot k_c \cdot C = 2{,}625 mm^2 \cdot 1.986{,}06 \text{ N/mm}^2 \quad \cdot 1 = 5213{,}4 \text{ N/mm}^2$$

Schnittleistung:

$$P_c = F_c \cdot V_c = 5213{,}4 \text{ N} \cdot 5 \text{ m/s} = 26067 \text{ W}$$

Antriebsleistung:

$$P_1 = \frac{P_c}{\eta} = \frac{26067\,W}{0{,}85} = 30667\,W = 30{,}67\,KW$$

2. BERECHNUNGSBEISPIEL Teil2 *Längsdrehen*
Ermittlung der Hauptnutzungszeit bei **konstanter** *Schnittgeschwindigkeit*

F2016

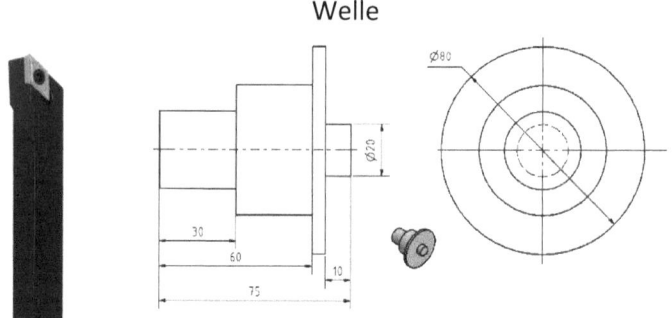

Drehmeißel mit
Wendeschneidplatte zum Längs-
und Plandrehen

Schnitttiefe a_P = 5 mm
Anlaufweg l_a = 1,0 mm
Folgende Werte nach Tb.Aufl.49 sind zu ermitteln:

Schnittgeschwindigkeit: $v_{c\,konst}$ = 270 m/min
Vorschub f = 0,5 mm (für **Schruppen**)
Ersatzdurchmesser: de = (de + d) · 0,5 = 50mm

Vorschubweg für **Längsrunddrehen** mit Ansatz, nach Tb. Afl.49, Vollzylinder mit Ansatz:

L = L + l_a = 10mm + 1mm = 11mm

Anzahl der Schnitte beim Längs-Runddrehen:

$$i = \frac{d_a - d_{1e}}{2 \cdot a_p} = \frac{80mm - 20mm}{2 \cdot 5mm} = 6$$

$$t_h = \frac{\pi \cdot d_m \cdot L \cdot i}{v_c \cdot f} \quad oder\ mit: = \frac{\pi \cdot d_m}{v_c \cdot f} \cdot (L \cdot i)$$

$$t_h = \frac{\pi \cdot 50mm \cdot 11mm \cdot 6}{270000\ mm/min \cdot 0,5mm}$$

$$t_h = 0,0768\ min = 4,6s$$

$$t_{h200\ längsdrehen} = 0,0768\ min \cdot 200 = \mathbf{15,36\ min}$$

3. **BERECHNUNGSBEISPIEL** (Teil 3, *Plandrehen*) Ermittlung der Hauptnutzungszeit beim **Plandrehen** mit **konstanter Drehzahl**:

H2020, F2020, H2019, F2019, H2018, H2017, H2016, H2015

Welle

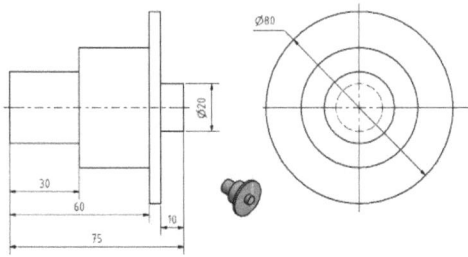

Nach dem *Längsdrehen* soll die Welle aus dem Werkstoff S235JR auf der Kreisringfläche sauber *plangedreht* werden.

Die Welle (vgl. Zeichnung Welle), wird an der rechten Fläche mit konstanter Drehzahl plangedreht. Ermitteln Sie die Hauptnutzungszeit für die Schlichtbearbeitung mit je einem Schnitt für 200 Werkstücke. la = 1 mm.

Nach Tabellenbuch für Hartmetallwerkzeug:

S235JR: v_c = 270 m/min, f = 0,15mm (**Schlichten**, langsamer Vorschub)

Vorschubweg (Kreisring), Längs-Runddrehen mit Ansatz:

$$L = \frac{d - d_1}{2} + la = \frac{80mm - 20mm}{2} = +1mm = 31mm$$

$$d_m = \frac{d - d_1}{2} = \frac{80mm + 20mm}{2} = 50mm$$

Drehzahl:

$$n = \frac{vc}{\pi \cdot d_m} = \frac{270000 mm/min}{\pi \cdot 50mm} = 1.718,87 \text{ min}^{-1}$$

Hauptnutzungszeit

$$t_h = \frac{L \cdot i}{n \cdot f} = \frac{31mm \cdot 1}{1.718,87 \text{ min}^{-1} \cdot 0,15mm} = 0,12 min$$

$= \mathbf{10,8\,sek}\,pro\,Werkstück$

$t_{h_{plan200}} = t_h \cdot n_{Werkstücke} = 0,12\,min \cdot 200 = \mathbf{24min}$

Die gesamte Hauptnutzungszeit für 200 Werkstücke beim Längsdrehen und Plandrehen an dem Wellenzapfen beträgt somit zusammen:

$t_{h_{längsd.}} + t_{h_{pland.}}$ = 13,82min + 24min = 37,82min≈

38 Minuten

1.4 Fräsen Schnittdaten und Zusammenhänge
F2017, F2022. H2023

Neben den unterschiedlichen Fräswerkzeugen, wird das Gleichlauf und das Gegenlaufräsen unterschieden. Beim Gegenlaufräsen ist die Drehrichtung des Fräsers und die Vorschubrichtung des Werkstückes gegenläufig. Beim Gleichlauffräsen ist die Vorschub Richtung des Werkstückes und die Dreh Richtung des Fräsers gleichgerichtet

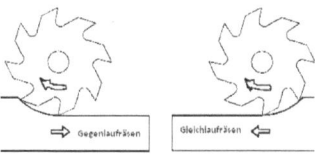

Beispiel:

Es sollen hundert Spannplatten aus 42CrMo4 (vgl. Zeichnung, Spannplatte) auf einer CNC-Vertikalfräsmaschine bearbeitet werden. Der Anlauf beträgt 1mm, der Überlauf 1 mm. Die Spannauflage der Spannplatte wird mit einem 8-fach hartmetallbestücktem ⌀80mm Messerkopf/ Planfräser plangefräst.

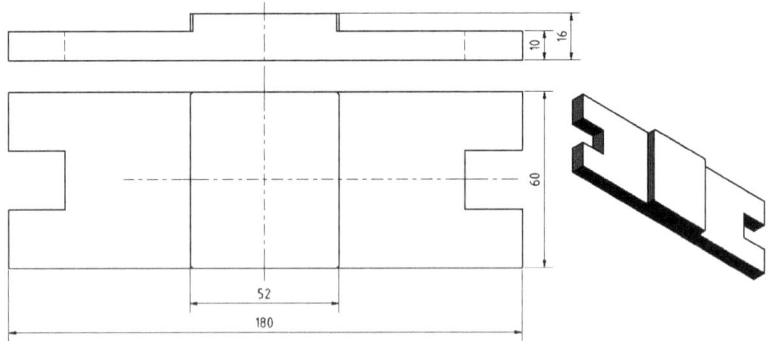

Spannplatte

Die Schnittkraft und die Antriebsleistung bei 20% Verlustleistung, ohne Abstumpfung/Werkzeugverschleiß, bei **5,5 mm** Schnitttiefe beim **Schruppen** und **0,5mm** beim **Schlichten** ist zu ermitteln.

Gegeben/ nach Tb zu ermitteln:

nach Tb. Auflage 49, S. 339, 345: →42CrMo4,   legierter Vergütungsstahl Rm > 750N/mm²

f_z = 0,12mm
v_c = 165m/min = 2,75 m/s

gesucht:
Spezifische Schnittkraft, Fc: nach Tb. Auflage 49, S. 315:

h≈f_z = 0,12mm

m_c = 0,26
$k_{c1.1} = 2500 \text{ N}/mm^2$
$k_c = \frac{k_{c1.1}}{h^{m_c}} = \frac{2500 \text{ N}/mm^2}{0,12mm^{0,26}} = 4338,63 \text{ N}/mm^2$

Schnittkraft:

Schnitttiefe = 3 mm

Spanungsquerschnitt:
$A = a_p \cdot f_z = 5{,}5mm \cdot 0{,}12mm = 0{,}66 mm^2$

$F_c = A \cdot k_c \cdot C_1 \cdot C_2 = 0{,}36\ mm^2 \cdot 4338{,}63\ N/mm^2 \cdot 1{,}0 \cdot 1{,}0 = 2863{,}5N$

nach Tb. Auflage 49, S. 339, 345 unten :

Anzahl der Schneiden im Eingriff:

d/a_e = 80/64 = 1,25

$z_e = z \cdot \dfrac{\varphi}{360°} = 8 \cdot \dfrac{106°}{360°} = 2{,}35$

Schnittleistung:

$P_c = z_e \cdot F_c \cdot v_c = 2{,}35 \cdot 2863{,}5N \cdot 2{,}75\ \dfrac{m}{s} = 18505{,}34\ \dfrac{Nm}{s} = 18505{,}34 W \approx 19\ KW$

Antriebsleistung:

$P_1 = \dfrac{P_c}{\eta} = \dfrac{18505{,}34 W}{0{,}8} = \mathbf{23131{,}68 W} \approx 23\ KW$

Die *Hauptnutzungszeit* zum Schruppen **und** Schlichten **jeweils rechts und links von dem Sockel 52** ist gesucht (vgl. Zeichnung, Spannplatte). Gegeben, Werkstoff: 42CrMo4

Rechnungsgang **Schruppen**:
nach Tb. Auflage 49, S. 346:
Die Schnittbreite **a_e** ist kleiner als der halbe Fräserdurchmesser **d: a_e < 0,5 d**
Vorschubweg, Stirnfräsen außermittig:

L = l + l$_a$ + l$_u$ + l$_s$

L = 60 + 1 + 1 + 32 = 94mm

$$l_s = \sqrt{a_e \cdot d - a_e^2}$$

$l_s = \sqrt{64 \cdot 80 - 64^2}$ = 32

f = fz Z = 0,12mm · 8 = 0,96mm

$$n = \frac{v}{d \cdot \pi} = \frac{165 \text{m/min}}{0,08 \text{m} \cdot \pi} = 656,5 min^{-1}$$

$$t_h = \frac{L \cdot i}{n \cdot f} = \frac{94\, mm \cdot 1}{656,5 min^{-1} \cdot 0,96 mm} = \mathbf{0,149\ min} =$$

8,95 Sekunden für eine Spannplatte

Für eine Seite:

t_h 100 Spannplatten: **0,149 min** · 100 = **14,9 Minuten**

Für das Planfräsen **beider Seiten** beträgt die reine Hauptnutzungszeit des Fräsers:
14,9145 Minuten · 2 = **29,83 Minuten**

Rechnungsgang **Schlichten:**
nach Tb. Auflage 49, S. 346:
Die Schnittbreite **a$_e$** ist kleiner als der halbe Fräserdurchmesser **d**: **a$_e$ < 0,5 d**
Vorschubweg, Stirnfräsen außermittig:

Anmerkung:
Beim Schlichten soll das Fertigmaß zusammen mit einer hohen Oberflächengüte plangefräst werden. Nach Tb. Auflage 49, S. 339: → 42CrMo4, legierter Vergütungsstahl, Rm > 750N/mm², kann hier der Maximalwert für vc = 190m/s, für f$_z$ = 0,08, ein langsamerer Vorschub, gewählt werden.

$L = l + l_a + l_u + 2 \cdot l_s$
$L = 60 + 1 + 1 + 2 \cdot 32 = 126$ mm

l_s → vgl. Schruppen, nach Tb. Auflage 49, S. 346

f = fz   Z = 0,08mm · 8 = 0,64mm

$$n = \frac{v}{d \cdot \pi} = \frac{190 m/min}{0,08 m \cdot \pi} = 756 min^{-1}$$

$$t_h = \frac{L \cdot i}{n \cdot f} = \frac{126 mm \cdot 1}{756 min^{-1} \cdot 0,64 mm} = \mathbf{0,26\ min} =$$

15, 625 Sekunden für eine Spannplatte

Für eine Seite:
t_h 100 Spannplatten: **0, 26 min** · 100 = **26 Minuten**

Für das Planfräsen **beider Seiten** beträgt die reine Hauptnutzungszeit des Fräsers:
26 Minuten · 2 = **52 Minuten**

Die gesamte Hauptnutzungszeit für 100 Werkstücke beim Schruppen und Schlichten der Spannplatten beträgt somit zusammen: 29,83min + 52min = **81,83 Minuten**

1.5 Bohren

Das Werkzeug führt Schnitt- *und* die Vorschubbewegung aus

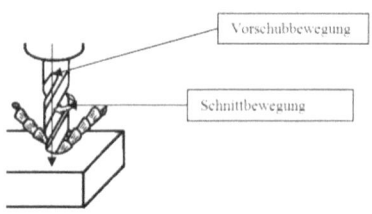

1.5.1 Werkzeuge
H2021, F2022,

Die gängigsten Bohrer zum konventionellen Einsatz sind
- Bohrer aus **HSS (Hochleistungsschnellschnittstahl)**
- **Zentrierbohrer** aus HSS, zum anbohren, beispielsweise für Passbohrungen, für eine exakte Positionierung und Führung der Hauptbohrung
- Bohrer aus **Karbid- Hartmetall**
- Bohrer mit **Wendeschneidplatte**n bestückt, für den Einsatz auf CNC- Maschinen
- Beschichtete und unbeschichtete HSS- und Hartmetallwerkzeuge

Durch die Beschichtung von HSS/ Hartmetallwerkzeuge. wird die Standzeit enorm erhöht, da die Reibung am Werkstück geringer ist und somit verkürzt sich auch die Hauptnutzungszeit.

Darüber hinaus werden Sonderbauformen wie Ausdrehwerkzeuge, Kegelbohrer, usw. in der Praxis verwendet.

Für die Herstellung von **Passbohrungen** werden Reibahlen benötigt. Beispielsweise für die Herstellung einer 10H7 Bohrung, wird mit einem 9,8 mm- Bohrer vorgebohrt, und dann mit einer 10H7- Reibahle, bei sehr geringer Drehzahl unter Verwendung von Schneidenöl, die Passbohrung eingebracht. Es gibt feste und verstellbare Reibahlen.

1.5.2 Bohrverfahren/ Maschinenarten
H2021

Klassisch im Handwerk und Heimwerkbereich:
Hand- und Tischbohrmaschinen: der maximale Bohrdurchmesser liegt um 23 mm, 13-16 mm ist der Standard bei handelsüblichen Hand- und Tischbohrmaschinen.

Hauptsächlich für das Fach Fertigungstechnik relevant:
Das Bohren auf der Standbohrmaschine bis maximal 40/ 45 mm. Über 45mm wird in der Regel auf Drehmaschinen oder Fräsmaschinen gebohrt, wobei das vorgebohrte Bauteil noch größer innen ausgedreht wird. Die Herstellung kleinerer Bohrdurchmesser, wie auf den Hand- und Tischbohrmaschinen, ist natürlich auch möglich und hängt von der Fertigungsplanung ab.

Horizontal-Bohr- und Fräswerk
Ab 160mm Durchmesser kommen Bohrwerke zum Einsatz. Es sind große Werkzeugmaschinen, die häufig zur spanenden Bearbeitung großer Maschinenteile eingesetzt werden. Überwiegend wird in waagerechter Richtung gearbeitet.

Wodurch kann ein Bohrer brechen?

— Es passiert relativ häufig beim Bohren von Hand: Metallspäne sammeln sich bei Spiralbohrern in den Spiralnuten des Bohrers. Dabei kann folgendes passieren: Die Spanabfuhr funktioniert nicht, dadurch verklemmt sich der Bohrer.
Abhilfe:
Beim Bohren empfiehlt sich in den meisten Fällen, den Bohrer in regelmäßen Intervallen, vollständig aus der Bohrung heraus zu ziehen, damit die Späne aus den Wendelnuten herausfallen können. Je kleiner die Bohrung und damit der Bohrer, umso schneller können sich die Spiralnuten mit Spänen zu setzen.
Die entsprechenden anwählbaren Unterprogramme für Bohrzyklen beim Bohren, mit einer CNC-Maschine berücksichtigen genau diese Verfahrensweise.
Insbesondere beim Bohren mit sehr kleinen Bohrern in den Stahl (<3mm), braucht es viel Erfahrung, dass der dünne Bohrer nicht bricht.

— Falscher oder zu wenig KSS kann eine mangelnde Spanabfuhr ebenfalls begünstigen.

— Falsche Drehzahl- falscher Vorschub

— Es gibt Stahlbohrer, Steinbohrer, Aluminiumbohrer...es ist auf die korrekte Wahl, eines Bohrers zum Werkstoff zu achten

— Fachgerechte Einspannung von Bohrern und Werkstück ist enorm wichtig zur fachgerechten Fertigung von Bohrungen aller Art, und vermeidet nebenbei Unfälle

- Unregelmäßige Werkstoffstoffzusammensetzung kann zum Bohrerbruch führen

- Bohrer sollten vor der Verwendung auf korrekten Anschliff geprüft sein

1.5.3 Schnittdaten und Zusammenhänge

H2022, F2022, H2018, H2016, F2015

Beispiel:

Gegeben:

Eine Bohrung wird in eine 20mm dicke Kopfplatte (für eine Stanzpresse), mit 10mm Durchmesser eingebracht.

Werkstoff: 42CrMo4

Werkzeug: Hartmetallbohrer mit Abstumpfung

Werte nach Tb, 42CrMo4:

- Rm_{max} = 1200 N/mm²
- f = 0,12 mm/Umdrehung
- v_c = 60m/min
- δ = 118° für Stahl
- C_1 = 1,0 Hartmetall
- C_2 = 1,3 Werkzeugverschleiß/ mit Abstumpfung
- h = Spanungsdicke
- la + Lu = 2mm
$$h = \frac{f}{2} \cdot \sin\frac{\delta}{2} = \frac{0{,}12}{2} \cdot \sin\frac{118°}{2} = 0{,}05 \text{mm}$$
- k_c = 5448N/mm², spezifische Schnittkraft

Gesucht:

Die Schnittleistung **Pc** und die Antriebsleistung **P$_{c1}$** der Bohrmaschine bei einem Wirkungsgrad von 78%, sowie die Hauptnutzungszeit.

$$\mathbf{P_c} = \frac{z \cdot \mathbf{F_c} \cdot \mathbf{V_c}}{2}$$

$$\mathbf{F_c} = \mathbf{A} \cdot k_c \cdot C_1 \cdot C_2$$

$$\mathbf{A} = \frac{d \cdot f}{4} = \frac{10mm \cdot 0{,}12mm}{4} = 0{,}3mm^2$$

$$\mathbf{F_c} = 0{,}3mm^2 \cdot 5448 N/mm^2 \cdot 1{,}0 \cdot 1{,}3 = 2124{,}72\mathbf{N}$$

$$\mathbf{P_c} = \frac{2 \cdot 2124{,}72N \cdot \frac{60m}{min}}{2 \cdot 60s} = 2124{,}72 \frac{Nm}{s} = 2124{,}72\mathbf{W}$$

$$\mathbf{P_{c1}} = \frac{P_1}{\eta} = \frac{2124{,}72W}{0{,}78} = 2.724\mathbf{W}$$

Die Hauptnutzungszeit für einen Bohrvorgang:

F2015, H2021

$$n = \frac{vc}{\pi \cdot d} = \frac{60000mm/min}{\pi \cdot 10mm} \approx 1.910 \; min^{-1}$$

Hauptnutzungszeit:

$$t_h = \frac{L \cdot i}{n \cdot f} = \frac{25mm \cdot 1}{1.910 \; min^{-1} \cdot 0{,}12 \; mm} = 0{,}109 min = 6{,}54s$$

Vorschubweg, Durchgangsbohrung:

$L = l + l_a + l_u + l_s$

$l_s = 0{,}3 \cdot d = 0{,}3 \cdot 10 = 3\,mm$

$L = 20 + 1 + 1 + 3 = 25\,mm$

6,54 Sekunden beträgt die Hauptnutzungszeit für *einen* Bohrvorgang.

Worauf ist bei einem Bohrvorgang besonders zu achten?

Ausreichend für Kühlung und Schmierung sorgen, insbesondere bei HSS- Werkzeugen

Genügend Bohrintervalle pro Bohrung, damit der Bohrer nicht zu heiß wird und die Späneabfuhr gewährleistet ist, da andernfalls die Wendelnuten leicht verstopfen können. Es besteht zudem die Gefahr, dass der Bohrer blockiert, klemmt und zerbricht.

Bei der Herstellung von Passbohrungen, beispielsweise 20H7, sollten zwei bis vier Zehntel- Millimeter Aufmaß gelassen werden (je nach Bohrdurchmesser), hier um die Bohrung auf das Feinmaß mit der entsprechenden Reibahle zu fertigen, also mindestens mit 19,5 bis max. 19,8 Millimeter vorbohren. Eine unsaubere Bohrung, insbesondere bei tieferen Bohrungen, kann auftreten, wenn der Bohrer zu groß gewählt wird, zu klein, können die Schneiden der Reibahle beschädigt werden.

Arbeitssicherheit (gilt für alle konventionellen Werkzeugmaschinen):

— An Bohrmaschinen grundsätzlich **ohne** Handschuhe arbeiten.
— Spannvorrichtung gegen herumschlagen sichern
— Haarnetz, bei längeren Haaren.
— Schutzbrille tragen

1.6 Schleifen

Das Schleifen stellt häufig den letzten spanenden Bearbeitungsgang eines Bauteils dar. Die Schleifkörner einer Schleifscheibe bestehen aus **geometrisch unbestimmten** Schneiden. Die gebräuchlichsten Schleifverfahren sind unter 1.6.1 schematisch zusammengefasst. Das Werkzeug führt die Schnittbewegung durch, und das Werkstück die Vorschubbewegung. Für runde Werkstücke (Bolzen, Wellen, Spindeln) wird das Rundschleifen eingesetzt, für das Schleifen flächiger Werkstücke, das Flachschleifen (für Schnittplatten, Führungsleisten, Schneidstempel, Matrizen im Werkzeugbau). Die Zustellbewegungen erfolgen am Werkzeug und liegen im Hundertstel Millimeterbereich. CNC- gesteuerte Schleifmaschinen können auf Tausendstel Millimeter genau arbeiten.

1.6.1 Schleifverfahren und Maschinenarten

Die gängigsten Schleifverfahren und Maschinenarten sind:

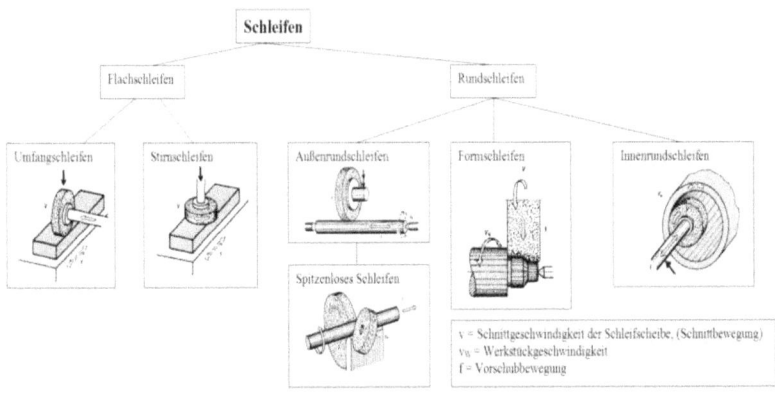

H2023

Beispiel:

Die **untere** Seite der Spannplatte soll als Teil einer Spannvorrichtung vollständig eben und plan auf einem Frästisch aufliegen. Dazu wird die untere Fläche der Spannplatte auf einer Flachschleifmaschine plan geschliffen. Die Hauptnutzungszeit ist mit den nachstehenden Werten zu ermitteln:

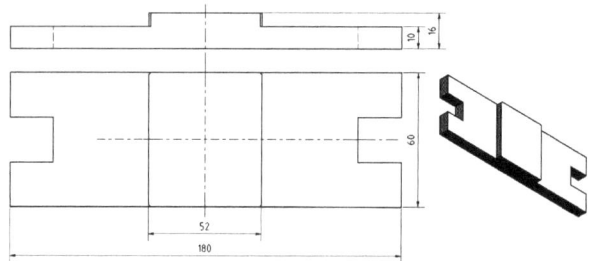

Spannplatte

Gegeben/ nach Tb zu ermitteln:
nach Tb. Auflage 49, S. 339, 345: →42CrMo4, legierter Vergütungsstahl Rm > 750N/mm²
nach Tb. Auflage 49, S. 355:
Fertigschleifen, Zustellung, a_p = 0,02 bis 0,005mm gemittelt, gewählt: 0,01mm
Werkstückgeschwindigkeit, Stahl, v_w = 10 bis 35m/min gemittelt, gewählt: 22,5m/min
Quervorschub je Hub beim Schlichten (da Fertigschleifen), fa = ½ · b_s bis $\frac{2}{3}$ · b_s gemittelt, gewählt: 0,6 · b_s
geg.:
Schleifzugabe = **t** = 0,05mm
Schleifscheibenbreite = **bs** = 25mm

$$t_h = \frac{i}{n_H} \cdot \left(\frac{B}{f_a} + 1\right)$$

$l_a = 0{,}04 \cdot 180\text{mm} = 7{,}2\text{mm}$

$$n_H = \frac{v_W}{L} = \frac{22500\text{mm}}{194{,}4\text{mm}} = 115{,}74\ min^{-1}$$

$L = l + 2 \cdot l_a = 180\text{mm} + 2 \cdot 7{,}2\text{mm} = 194{,}4\text{mm}$

$$i = \frac{t}{a_p} + 2 = \frac{0{,}05}{0{,}01} + 2 = 7$$

$$B = b - \frac{1}{3} \cdot b_s = 60\text{mm} - \frac{1}{3} \cdot 25mm = 51{,}67\text{mm}$$

$f_a = 0{,}6 \cdot b_s = 0{,}6 \cdot 25mm = 15\text{mm}$

$$t_h = \frac{i}{n_H} \cdot \left(\frac{B}{f_a} + 1\right) = \frac{7}{115{,}74\ min^{-1}} \cdot \left(\frac{51{,}67\text{mm}}{15} + 1\right) =$$
0,268min

Anmerkung:
Geringfügige Abweichungen bei gemittelten/ gewählten Werten führen i.d.R. nicht zu Punktabzug. Bei den Bewertern/ Prüfern, ist darüber hinaus bekannt, dass es Abweichungen in den Tabellen der unterschiedlichen Auflagen und Verlage gibt und wird stets berücksichtigt.

1.7 Erforderliche technische Daten beim Drehen, Fräsen und Bohren

Als Schnittdaten gelten folgende Größen:
ap = Schnitttiefe
f = Vorschub
v_c = Schnittgeschwindigkeit
Einflussnehmende Parameter darauf sind:

- ⇒ die Standzeit des Werkzeugs
- ⇒ die Oberflächengüte des Werkstücks
- ⇒ die Schnittkräfte und die Antriebsleistung
- ⇒ die Spanbildung: Bruchspan entsteht eher beim Schlichten, Fießspan entsteht eher bei Schruppvorgängen
- ⇒ das Zeitspanungsvolumen

Problematik der Schnittkraft beim Schleifen

Die Schnittkraft beim Schleifen mit **geometrisch unbestimmter** Schneide lässt sich mithilfe von Näherungsverfahren und gemittelten Werten bestimmen. Die Anzahl der Schneiden im Eingriff, sind schwierig zu bestimmen, der Spanwinkel ist meistens negativ.
Entsprechende Berechnungen sind daher aufwändiger zu berechnen, als bei den anderen spanabhebenden Fertigungsverfahren.

Hauptnutzungszeiten

- Vorausplanung von Maschinenarbeiten
- Der Maschinenstundensatz wird für die Kostenleistungsrechnung herangezogen
- Grundlage zur Kalkulation für den Maschinenstundensatz sind die

Hauptnutzungszeiten

$$t_{gB} = t_h + t_n + t_b$$

t_{gB}= Betriebsmittelgrundzeit

t_h= Hauptnutzungszeit (oder Hauptzeit)

t_n= Nebennutzungszeit

t_b= Brachzeit

Zur Berechnung der **Hauptnutzungszeiten** für das Drehen, Bohren, Fräsen und Schleifen, gilt folgende Gleichung:

$$t_h = \frac{L \cdot i}{f \cdot n}$$

t_h = **Hauptnutzungszeit [min]**

L = Vorschubweg [mm]

Dieser Parameter sagt aus, auf welche Länge beim Bohren, Drehen, Fräsen oder Schleifen **das Werkzeug im Eingriff ist und Material zerspant**. Daher hat -L- maßgeblich Einfluss auf die Hauptnutzungszeit und wird je nach Bearbeitungsverfahren in den Tabellen genau betrachtet und verschieden berechnet.

i = Anzahl der Spanvorgänge

n = Drehzahl [min^{-1}]

f = Vorschub [mm] pro Umdrehung

Besonderheiten bei der **Hauptnutzungszeit** für das **Drehen**

Die Berechnung der Hauptnutzungszeiten für das Drehen erfolgt häufig mit
- ⇒ konstanter **Drehzahl, -** bei konventionellen Werkzeugmaschinen, die Schnittgeschwindigkeit passt sich der Drehzahl an

oder mit
- ⇒ konstanter **Schnittgeschwindigkeit,-** bei CNC gesteuerten Werkzeugmaschinen, die Drehzahl passt sich der Schnittgeschwindigkeit automatisch an

$$t_h = \frac{d_e \cdot \pi \cdot L \cdot i}{v_c \cdot f}$$

t_h = Hauptnutzungszeit [min]

d_e = Ersatzdurchmesser [mm] → sich stetig *verringernde Zeit des jeweils zurückgelegten Vorschubweges, durch die ansteigende Drehzahl, bis zum Grenzdurchmesser d_g*

L = Länge des zu bearbeitenden Werkstückes [mm]

i = Anzahl der Spanvorgänge

v_c = Schnittgeschwindigkeit [m/min]

f = Vorschub [mm] pro Umdrehung

Zusammenfassung

Die wichtigsten Ziele in der industriellen Massenfertigung sind: Eine hochwertige Qualität, neben einer Kostenschonenden Fertigung, an den Kunden zu liefern. Eine optimale Umsetzung, durch gründlich erworbene Fachkenntnisse und Erfahrung der Fachkräfte, aller einflussnehmenden Parameter, ermöglicht den Erfolg und die Konkurrenzfähigkeit, am Markt zu bestehen. Daher sind gründliche Kenntnisse über Schnittdaten und Fertigungszeiten innerhalb der spanabhebenden Fertigung unverzichtbar.

Fragen mit Antworten

1) Wieso werden bevorzugt hohe Schnittgeschwindigkeiten ausgewählt?
    - Wegen der geringen Oberflächengüte, der großen Spanungsvolumen und der verringerten Schnittkraft
    - Wegen der hohen Oberflächengüte, dem großen Spanungsvolumen und der verringerten Schnittkraft
    - Wegen der hohen Oberflächengüte, dem kleinen Spanungsvolumen und der verringerten Schnittkraft
    - Wegen der hohen Oberflächengüte, dem großen Spanungsvolumen und der erhöhten Schnittkraft

2) Welche Merkmale werden für die Schnittkraft und Schnittleistungsberechnungen herangezogen?
    - Die Höhe der Antriebsleistung einer Werkzeugmaschine

- Aufwand an Investitionen für Betriebsmittel innerhalb der Fertigungsplanung
- Wartungsintervalle
- Die richtige Auswahl und Optimierung der spanabhebenden Werkzeuge (Hartmetallplatten, etc.)
- Die Höhe der abgegebenen Leistung einer Werkzeugmaschine
- Die Höhe der Standzeit eines Werkzeugs

3) Ermitteln Sie die korrekte Größengleichung für L= Länge des zu bearbeitenden Werkstückes.

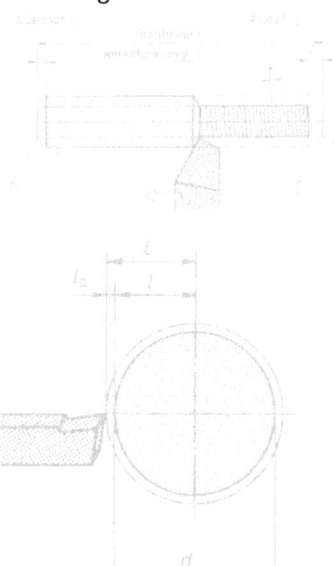

- L=la+le+l+lu
- L=L-(la+lu+le)
- L=l+la+lu
- L=l+la-lu
- L=l-la-lu

- L=la+le
- L=l-la
- L=l+la
- L=l-lu
- L=la-lu

Antworten:

Zu 1) Wegen der hohen Oberflächengüte, dem großen Spanungsvolumen und der verringerten Schnittkraft

Zu 2)
- ✓ Die Höhe der Antriebsleistung einer Werkzeugmaschine
- ✓ Aufwand an Investitionen für Betriebsmittel innerhalb der Fertigungsplanung
- ✓ Die richtige Auswahl und Optimierung der spanabhebenden Werkzeuge (Hartmetallplatten, etc.)
- ✓ Die Höhe der Standzeit eines Werkzeugs

Zu 3)

Längsdrehen
$$L = l + la + lu$$

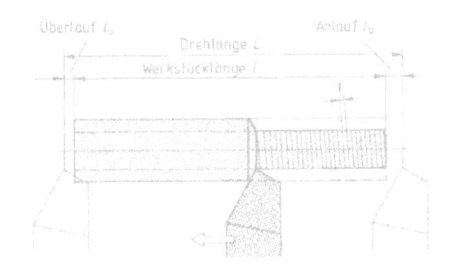

Plandrehen
$$L = l + la$$

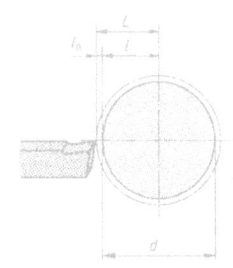

2 ARTEN DER FÜGETECHNIKEN

2.1 Einteilung und Wirkungsweise der Fügetechniken

Einteilung der Fügetechniken

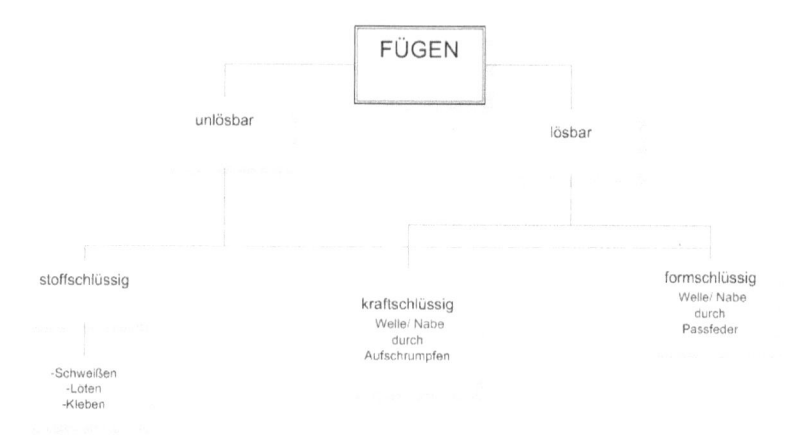

```
                    ┌─────────┐
                    │  FÜGEN  │
                    └─────────┘
              unlösbar        lösbar
                 │               │
        ┌────────┴──┐      ┌─────┴─────┐
  stoffschlüssig   kraftschlüssig   formschlüssig
                   Welle/ Nabe       Welle/ Nabe
                      durch             durch
                   Aufschrumpfen      Passfeder
   -Schweißen
   -Löten
   -Kleben
```

Wirkungsweise der Fügetechniken, *unlösbar*:

Sämtliche Schweiß,- Löt,- und Nietverbindungen, sowie Klebverbindungen

2.2 Schraubenverbindungen

F2023, F2020, F2019, H2015

BEISPIEL, Betriebskraft:

Ein Deckel von einem Pumpengehäuse wird mit sechs M6 Zylinderschrauben 10.9 befestigt. Berechnen Sie die auftretende Betriebskraft pro Schraube n (nü) = 6.

$$F = \frac{R_e - A_s}{\nu} = \frac{900 N/mm^2 - 20{,}1 mm^2}{6} = 146{,}65 N$$

BEISPIEL, Betriebskraft/Schraubenkraft:

Über eine 280mm langen Schraubenschlüssel wird eine M20- Schraube mit 60N festgezogen. Die Betriebskraft der Schraube ist zu ermitteln.

$$F_1 \cdot 2 \cdot \pi \cdot l = F_2 \cdot P$$

F_1 = Handkraft

F_2 = Betriebskraft

$s_1 = 2 \cdot \pi \cdot l$ (Hebellänge, Schlüssel)

Nach Tb., für M20: P, Steigung = 2,5

$$F_2 = \frac{F_1 \cdot 2 \cdot \pi \cdot l}{P} = \frac{60N \cdot 2 \cdot \pi \cdot 280mm}{2{,}5mm} = 42.223 N$$

2.3 Stiftverbindungen

Beispiel einer Stiftverbindung an einem kleinen Folgeschneidwerkzeug:
Schneidwerkzeuge in dieser Größe werden in der Blechbearbeitung für die Massenfertigung von kleinen Maschinenelementen wie Schellen, Ösen, Unterlegscheiben, usw. eingesetzt. Der grundsätzliche Aufbau dieser Werkzeuge ist bei allen Schneidwerkzeugen in allen Größen, etwa gleich.

Zum Verständnis einer Stiftverbindung soll hier der untere Teil von dem Werkzeug betrachtet werden:

Bei dem Folgeschneidwerkzeug, hier dem unteren Teil, werden die verschiedenen Platten bestehend aus (von unten nach oben gesehen): **Grundplatte**, Schnittplatte, Streifenführungsplatten und **Führungsplatte** der Schneidstempel, mit Passstiften exakt auf ein Hundertstel Millimeter zwischen den Platten geführt, um einen ebenso exakten Schnitt in den Blechstreifen auszustanzen. Bei der Montage dieser Platten wird erst verschraubt und dann für die präzise Führung mit Passstiften verstiftet.

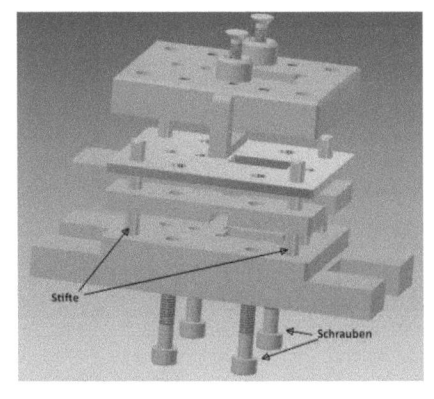

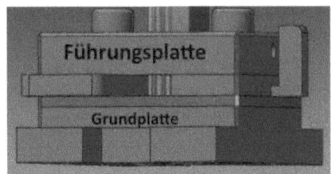

2.4 Nietverbindungen

F2016

Genietete Verbindungen sind unlösbare Verbindungen
Genietete Verbindungen gehören zu den kraft- und formschlüssigen Verbindungen und finden häufig Verwendung im Flugzeugbau und im Automobilbau, hier vor allem im Karosseriebau.
Es gibt drei Arten von Nietenverbindungen:
-Vollniete
-Hohl- oder Blindniete
- Passniete

Drei Gruppen der Nietverbindungen sind unterscheidbar:
• Feste Nietverbindungen: Diese können große Kräfte übertragen, dichten angeschlossenen Teile zu wenig ab
• Enge Nietverbindungen: Diese verbinden Komponenten und dichten gut gegeneinander ab. Die Kraftübertragung ist verringert.

• Feste und dichte Nietverbindungen: Diese kombinieren die Vorteile fester und fester Nietverbindungen, sind jedoch in der Herstellung um einiges teurer.

Im Flugzeugbau wird das Nieten eingesetzt, da sehr viel Aluminiumlegierungen verwendet werden und Materialverzug durch Schweißen, schon aus Sicherheitsgründen, vermieden werden muss

Vorteile:
Genietete Verbindungen...
...sondern keine schädlichen Gase oder Lichtstrahlung ab, wie bei den Schweißverfahren
...können schnell und einfach hergestellt werden, der Energieaufwand ist deutlich geringer, als beim Schweißen
...können mit einseitigem Zugang hergestellt werden
...können mit für verschiedene Materialien hergestellt werden
...verändern nicht die Struktur des Werkstoffes

Nachteilig ist:

- keine homogene Spannungsverteilung
- relativ teuer
- Korrosion
- unebene Oberfläche
- Verminderung der Festigkeit durch Bohrungen

2.5 Welle-Nabe-Verbindung
H2022

Wie ist die Wirkungsweise von Welle-Nabe Verbindungen?
Welle-Nabe-Verbindungen übertragen Drehmomente.

Die Drehmomentübertragung erfolgt formschlüssig, kraftschlüssig, vorgespannt formschlüssig, oder stoffschlüssig. Welle-Nabe-Verbindungen sind eine sehr häufige Verbindungsart und zählen zu den **beweglichen** Verbindungen. Zu den **festen** und beweglichen Verbindungen sind unter den jeweiligen Wirkungsweisen Beispiele genannt.

Wirkungsweise der Fügetechniken, *zerstörungsfrei lösbar*

Formschlüssige Welle-Nabe Verbindungen
Beispiel: Passfederverbindung

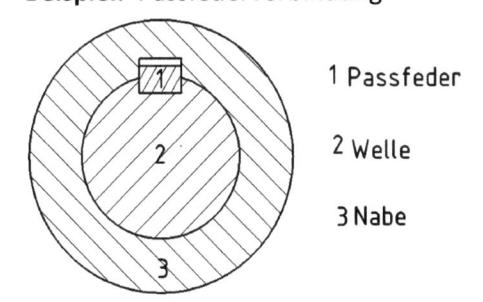

1 Passfeder

2 Welle

3 Nabe

Weitere **formschlüssige** Welle-Nabe Verbindungen: Zahnwellen-Verbindungen, Keilwellen-Verbindungen, und Polygonwellen-Verbindungen.

Zu den **festen** formschlüssigen Verbindungen zählen: Stiftverbindungen, Bolzenverbindungen, Passschraubenverbindung.

Kraftschlüssig: Die Reibungskraft wirkt stets der Bewegungsrichtung entgegen: $F_R = \mu \cdot F_N$

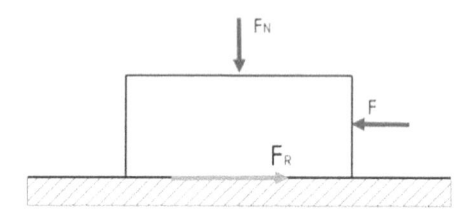

Beispiele: Klemmnaben, Spannbuchsen, Ringfeder-Spannverbindungen, Sternscheiben-Verbindungen und Druckhülsen.

Zu den **festen** kraftschlüssigen Verbindungen zählen: Schraubenverbindungen, Klemmverbindungen und Kegelverbindungen

Vorgespannt formschlüssig, kraft- und formschlüssig: Welle-Nabe- Keilverbindung:

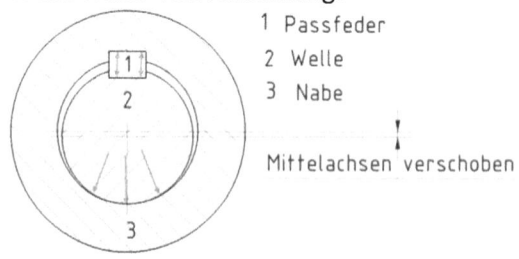

1 Passfeder
2 Welle
3 Nabe

Mittelachsen verschoben

Weitere **Vorgespannt formschlüssige** Welle-Nabe Verbindungen: Stirnzahn-Verbindungen und Kreiskeil-Verbindungen.

Zu den **festen** vorgespannt formschlüssigen Verbindungen

zählen: Kegelverbindungen mit Scheibenfedern und Keilverbindungen

Stoffschlüssige Welle-Nabe Verbindungen: Schweiß, Klebe,- und Lötverbindungen

2.6 Kleben

F2021, H2019, F2017,

Klebverbindungen sind nicht zerstörungsfrei lösbar.

Wie lauten die Arbeitsregeln für die Herstellung einer Klebeverbindung?

- Die Fügeflächen müssen fettfrei und trocken sein.
- Der Klebstoffauftrag soll unmittelbar nach der Oberflächenvorbehandlung (ggf. aufrauhen) erfolgen.
- Vor der Belastung muss die Aushärtezeit des Klebstoffes berücksichtigt werden.
- Klebstoffe sollen im ungehärteten Zustand nicht mit der Haut in Berührung kommen.

Vorteile einer Klebeverbindung:

- Beibehaltung der Festigkeit der Bauteile
- Wenig Nacharbeit
- Dichtende Eigenschaften
- Verbindung verschiedener Werkstoffe möglich

Nachteile einer Klebeverbindung

- Überlappung der Fügeflächen
- Einhaltung der Aushärtezeiten
- Gründliche Vorbereitung der Oberflächen
- Abschälung bei zu hohem Wärmeeinfluss ggf. möglich

2.7 Löten
Hart,- und Weichlöten

Hart,- und Weichlöten zählt zu den unlösbaren Verbindungen.

Das wichtigste Unterscheidungsmerkmal zwischen Hart,- und Weichlöten ist die Arbeitstemperatur. Beim Weichlöten wird bis ca. 450 Grad gearbeitet.

Die Arbeitstemperatur von Hartlöten erfolgt ab 450°C bis ca. 900°C. Danach kommt der Bereich Hochtemperaturlöten bzw. Schweißen. Beim Schweißen wird das Material angeschmolzen, dies ist beim Löten nicht der Fall. Geschmolzenes Lot wird beim Löten zur Verbindung verwendet.

2.8 Schweißen

Alle Schweißverfahren zählen zu den unlösbaren Verbindungen.

Einteilung der Schweißverfahren nach DIN ISO 4063 (Auszug)

Lichtbogenschweißen
Lichbogenschweißen
Schutzgasschweißen
Plasmaschweißen
Unterpulverschweißen

Widerstandsschweißen
Punktschweißen
Buckelschweißen
Rollnahtschweißen
Abbrennstumpfschweißen

Gasschmelzschweißen
Autogenschweißen

Pressschweißen
Punktschweißen
Reibschweißen

Strahlschweißen
Laserstrahlschweißen
Elektronenstrahlschweißen

3 INSTANDHALTUNGSMASSNAHMEN

H2022, H2021, F2021, H2016, H2015, F2015

Die Instandhaltung umfasst alle Handlungen zur
- $\Rightarrow$ Erhaltung
- $\Rightarrow$ Feststellung und Beurteilung des Istzustandes
- $\Rightarrow$ Reparatur
- $\Rightarrow$ Steigerung der Funktionssicherheit

einer Produktionsanlage und Werkzeugmaschine.

Nach **DIN 31051 bzw. DIN EN 13306** weist die Instandhaltung folgende Struktur auf

- **Wartung**, Maßnahmen zur Erhaltung der Funktion bzw. zur Verzögerung des Abbaues des vorhandenen Abnutzungsvorrates,

- **Inspektion** Feststellung und Beurteilung des Istzustandes, Bestimmung der Ursachen der Abnutzung und Ableitung von Maßnahmen,

- **Instandsetzung** Maßnahmen zur Rückführung einer Betrachtungseinheit in den funktionsfähigen Zustand und

- **Verbesserung** Kombination aller Maßnahmen zur Steigerung der Funktionssicherheit einer Betrachtungseinheit ohne Änderung der Grundfunktionen.

Bedingungen zum Erreichen **der wirtschaftlichen Ziele** der Instandhaltung

- Hohe Anlagenlaufzeit
- Hohe Anlagenverfügbarkeit

- Hohe Zuverlässigkeit der Einzelbauteile
- Vermeidung von Produktionsstörungen
- Vermeidung von Produktionsausfällen
- Erkennen von Schwachstellen und deren Beseitigung
- Erkennen sich anbahnender Schäden und deren Verhinderung
- Reduzierung der Instandhaltungszeit

Humanitäre und ökologische Ziele der Instandhaltung:

- Erhöhung der Arbeitssicherheit
- Erhöhung der Anlagensicherheit
- Einhaltung gesetzlicher Vorschriften
- Vermeidung von Umweltbelastungen
- Vermeidung von Umweltschäden
- Vermeidung von Materialverschwendung

Was bedeutet der Begriff Abnutzungsvorrat?
Der Abnutzungsvorrat ist ein Fachbegriff aus der Instandhaltung. Jedes Werkzeug oder Bauteil unterliegt Verschleißgrenzen. Beim Erreichen dieser Grenzen muss das Bauteil oder Werkzeug ausgetauscht oder erneuert werden. Durch eine regelmäßige Wartung (Ölwechsel) und Reparatur (Austausch, Reifenwechsel) wird neuer Abnutzungsvorrat geschaffen, oder verlängert

3.1 Instandhaltungsstrategien

H2023, F2023, F2022, F2021, F2020, H2019, F2019, H2018, F2018, H2017, F2016, F2015

Einteilung der **Instandhaltungsstrategien**
⇒ intervallabhängige Instandhaltung
Beispiel Auto: Ölwechsel

⇒ zustandsabhängige Instandhaltung
Beispiel Auto: Reifen muss gewechselt werden, da die zulässige Profiltiefe überschritten wurde

⇒ störungsbedingte Instandhaltung
Beispiel Auto: Reifen zerstört durch einen Nagel→ Austausch

Intervallabhängige Instandhaltung
Vorteile intervallabhängiger Instandhaltung
- Gute Planbarkeit der Maßnahme
- Minimierung der Ersatzteilhaltung
- Reduzierung unvorhersehbarer Ausfälle
- Hohe Zuverlässigkeit der Maschinen
- Planungssicherheit des Personaleinsatzes

Nachteile intervallabhängiger Instandhaltung
- Abnutzungsvorrat wird nicht bis zur Abnutzungsgrenze verbraucht
- Lebensdauer von Bauteilen wird nicht voll ausgenutzt
- Hoher Ersatzteilbedarf
- Hohe Instandhaltungskosten
- Ausfallverhalten von Maschinen kann nicht ermittelt werden

Zustandsabhängige Instandhaltung

Vorteile der zustandsabhängigen Instandhaltung

- Maximale Nutzung der Lebensdauer der Bauteile und Anlagen
- Erkenntnisse des Abnutzungsvorrates lassen terminabhängige Planungen zu
- Betriebssicherheit ist gewährleistet
- Geringere Lagerkosten der Betrachtungseinheit
- Längere Verfügbarkeit der Betrachtungseinheit

Nachteile der zustandsabhängigen Instandhaltung

- Erhöhter messtechnischer Aufwand
- Zusätzliche Inspektionsmittel
- Erhöhter Planungsaufwand
- Erhöhter Kostenaufwand
- Zusätzliches Personal

Was bedeutet Condition Monitoring (zustandsabhängige Instandhaltung)?
- ➢ regelmäßige Erfassung des Maschinenzustandes durch Messung aussagefähiger Größen
- ➢ ausgeklügelte Sensorik, sodass Maschinenstillsetzungen im Voraus geplant werden
- ➢ Voraussetzung sind leistungsfähige Messsysteme und Sensoren
- ➢ großes Potenzial an Kosteneinsparungen, weil die Lebensdauer kritischer Maschinenteile voll ausgenutzt werden kann.

Störungsbedingte Instandhaltung
Vorteile störungsbedingter Instandhaltung
- Ausnutzung des gesamten Abnutzungsvorrates
- Geringer Planungsaufwand

Nachteile störungsbedingter Instandhaltung

- Überraschende und unvorhersehbare Maschinenausfälle
- Instandhaltung muss oft unter Zeitdruck ausgeführt werden
- Hohe Kosten für Beschaffung und Lagerung von Ersatzteilen
- Hohe Fertigungs- Ausfallkosten, wenn Ersatzteile nicht vorrätig sind

3.2 Wartung

Maßnahmen zur Erhaltung der Funktion bzw. zur Verzögerung des Abbaues des vorhandenen Abnutzungsvorrates: Einhaltung der festgelegten Wartungsintervalle, erhöhen der Nutzungszeit

⇒ Reinigung
⇒ Schmierung
⇒ Ein-/ Nachstellen

3.3 Inspektion
H2021

Feststellung des Istzustandes und des Abnutzungsgrades von Bauteilen

- ⇒ Erstinspektion, erfolgt bei der Inbetriebnahme von Maschinen und Anlagen

- ⇒ Regelinspektion, erfolgt nach festgelegten Intervallen (vgl. Scheckheft)

- ⇒ Kontrollieren, sicherheitsrelevanter Einrichtungen

- ⇒ Überprüfung, funktionsrelevanter Bauteile

- ⇒ Messen von Verschleißgrenzen

- ⇒ Condition monitoring → zustandsbedingte Instandhaltung durch den Einsatz von Sensorik an geeigneten Messstellen und dessen Auswertung Z.B: Schwingungsmessungen an der Arbeitsspindel einer Werkzeugmaschine, Temperaturmessung des Schmieröls während des laufenden Fertigungsprozesses

3.4 Instandsetzen

Die *Instandsetzung* bedeutet im Wesentlichen, die Reparatur oder Austausch von Bauteilen. Durch Schadensanalysen und Werkstoffprüfungen können künftige Instandsetzungsmaßnahmen vermindert oder sogar verhindert werden.

Über die Beobachtung und sorgfältige Dokumentation von Ausfällen und Reparaturen an Maschinen und Anlagen über einen längeren Zeitraum, lässt sich erkennen, an welchen Stellen **Verbesserungen** durchgeführt werden sollten

4 EINSATZ NEUER WERKSTOFFE, VERFAHREN UND BETRIEBSMITTEL

An Bedeutsamkeit besteht jetzt und in Zukunft die Wiederverwertbarkeit von Werkstoffen, insbesondere bei hochwertigen, seltenen Materialien und Werkstoffen, da die Ressourcen des Planeten endlich sind.

F2023, H2022, F2021, F2019

Kriterien, die beim Einsatz neuer Werkstoffe berücksichtigt werden müssen, sind z. B.:

- Inwieweit entspricht der Werkstoff der Anforderungsmatrix?
- Wie und womit kann der Werkstoff optimal fertigungstechnisch bearbeitet werden?
- Wie sind die chemischen/ physikalischen Eigenschaften wie Festigkeit, Warmfestigkeit, Zähigkeit, Oberflächenhärte, Dichte, Korrosionsbeständigkeit, Verformungswiderstand, Leitfähigkeit für Wärme und Strom?
- Kann der Werkstoff für Montagezwecke verwendet werden?
- Wie sieht es mit der Recyclingfähigkeit aus?
- Wie hoch sind die Kosten?

Gründe für eine Werkstoffauswahl

- Kostenreduzierung
- Verbesserung eines bestehenden Produkts, oder nach einem Schadensereignis
- Entwicklung eines neuen Produkts

- Konstruktive Änderungen
- Änderung der Betriebsbedingungen
- Änderung der Fertigungstechnologie

Was genau ist Rapid Prototyping?

Rapid Prototyping ist ein Fertigungsverfahren, dass dem **Urformen** zugeordnet ist. 3D-CAD-Zeichnungsdaten werden direkt vom CAD- Arbeitsplatz über ein STL-Format (STL-Format STereoLithographie, ist eine Standardschnittstelle vieler CAD Systeme), zur Herstellung von Einzelteilen und technischen Kleinserien, in den verschiedenen 3D-Druckverfahren verarbeitet. Anschließend wird ein Werkstück schichtweise aus formlosen Materialien hergestellt. Anders als bei den herkömmlichen Fertigungsverfahren wie Drehen, Fräsen oder Erodieren, entsteht kein Materialverlust, oder Verschnitt, da bei den 3D-Druckverfahren ausschließlich die Materialverarbeitung schichtweise additiv erfolgt.

Weitere Vorteile sind, dass keinerlei Programmierkenntnisse wie bei CNC gesteuerten Werkzeugmaschinen nötig sind, da hier eine Form der CAD/ CAM- Technologie zum Einsatz kommt. Dadurch sind sehr komplexe und aufwendige Volumengenerierungen als Fertigbauteil ohne Materialverlust möglich.

Dieses Herstellungsverfahren ist vergleichsweise kostengünstig, insbesondere auch, weil durch die additive Herstellung kompletter Baugruppen, sowohl auf die Montage, sowie auf eine montagegerechte Produktgestaltung verzichtet werden kann.

Die Ausbreitung von 3D-Druckverfahren im technischen Bereich, nimmt immer mehr zu, insbesondere auch bei der Serienfertigung. Zudem wird die Markteinführungszeit durch *schnelle und kurzfristige Produktion von Prototypen deutlich verkürzt,* auch weil die verschiedenen Produktentwicklungsphasen durch Rapid Prototyping optimiert werden.

Die Anwendungsbereiche sind sehr vielfältig: Maschinenbau, Medizintechnik, Kunst, Bauhandwerk, Unterhaltungsindustrie und der private Heimanwendungsbereich, für die mittlerweile leistungsstarke und erschwingliche Geräte angeboten werden.

F2023

Vor- und Nachteile 3D Druck

Vorteile sind z. B.:

-Weitergabe von Geometriedaten ist nicht erforderlich (Gefahr von Ausbreitung betriebsinterner Daten ist somit minimiert).

-Firmeneigenes Erfahrungswissen kann voll umfänglich in dieser Technologie eingebracht werden

-Erstellung von Prototypen und Verbesserungen kann relativ schnell und kostengünstig ohne Fremdfirmen erfolgen.

-Erstellung beliebig komplexer Bauteile durch CAD/ CAM Schnittstelle möglich

Nachteile sind z. B.:

-Schulung von Mitarbeitern erforderlich

-für geringe Stückzahlen geeignet

-je nach Typ des Druckers können hohe Kosten entstehen

-geeignete Materialien und passender Raum muss beschafft werden

Industrie 4.0
Historie:
Erster industrielle Meilenstein **1.0**
Ende des 18. Jahrhunderts mit der Entdeckung der Wasser- und Dampfkraft

Zweiter industrieller Meilenstein **2.0**
Es folgten die Fließband- und Massenproduktion (2. Revolution)

Dritter industrielle Meilenstein **3.0**
Das digitale Zeitalter entsteht ab den 1970er Jahren

Vierte große industrielle Veränderung, Industrie **4.0**:
Das Internet zieht in die Fabrik, alles mit allem ist digital verknüpft und vernetzt:
-branchen- und technologieübergreifende Integration von Prozessen und Systemen
-Bauteile und Maschinen verständigen sich
-bessere Personal- und Ressourcenplanung, Produktion, Logistik und Dienstleistungen,
-Verkürzung und Optimierung der Produktionsprozesse

Die „smart factory", die automatisierte sich vollständig selbst organisierende Fabrik ist Wirklichkeit

Vorteile:
Umwelt Nachhaltigkeit,
bessere Kalkulationsmöglichkeiten
maßgeschneiderte Produkte zum Preis von
Serienprodukten

Datensicherheit:
Schwachstellenanalyse erfolgt maschinenlesbar zentral an einem Punkt unabhängig, von Anwenderprogrammen.

Nachteile:
Datenspionage
Hackerangriffe
Der gläserne Mitarbeiter

5 STEUERUNGS- UND REGELUNGSTECHNIK (Pneumatik/ Hydraulik/ SPS)

Unterschied Steuern und Regeln

Der Unterschied zwischen einer **Steuerung** und einer **Regelung** besteht durch den offenen (Steuerung), oder geschlossenen (Regelung) Wirkungsablauf. Bei einer **Regelung** wird die Abweichung von einem Istwert und einem Sollwert korrigiert. Bei einer Steuerung hingegen fehlt diese Korrekturmöglichkeit.
Vgl. dazu auch Kapitel 7 CAD/ CAM.

5.1 Pneumatik

Bei **zeitabhängigen Ablaufsteuerungen** erfolgt die Signalverarbeitung, für Bewegungsabläufe über einen Taktgeber, Nockenschaltwerk, oder Zeitrelais.
Prozessabhängige Ablaufsteuerungen können den nächsten Schritt erst dann ausführen, wenn der vorherige abgeschlossen wurde. Diese Art der Steuerung wird auch als **Wegplansteuerung** bezeichnet und kommt in der Praxis sehr häufig vor

Verknüpfungssteuerungen werden mithilfe von logischen Bedingungen aufgebaut. Beispielsweise kann ein Maschinenbediener erst die Maschine einschalten, wenn das Schutzgitter geschlossen *und* zwei Starttaster (Zweihandbetätigung) gedrückt wurden.

Steuerungsarten lassen sich begrifflich nach ihrer Signalverarbeitung oder nach ihrer Programmierung einteilen.

⇒ zeitabhängigen Ablaufsteuerungen

⇒ Prozessabhängige Ablaufsteuerungen oder Wegplansteuerung

⇒ Verknüpfungssteuerungen

Unterscheidung nach der Programmierung:

⇒ Verbindungsprogrammierte Steuerungen, VPS und

⇒ Speicherprogrammierbare SPS

Anwendungen der Druckluft

Niederdruckbereich bis 8 bar	Mitteldruckbereich bis 16 bar	Hochdruckbereich bis 75 bar	Hochdruckbereich bis 400bar
Hier liegen die meisten Anwendungsbereiche, insbesondere in der Automation, Maschinenbau/ und Elektroindustrie, Pharmaindustrie, usw.	Schwertransporte, LKW, werden Reifen mit 16bar-Kompressoren befüllt	Anlassen von großen Dieselmotoren, Abdrücken von Rohren	Atemluft in Taucherflaschen. In Walzwerken und Kraftwerken zur Prüfung auf Dichtigkeit von Anlagen

Aufbau einer Steuerung:

Der Signalfluss einer Steuerung erfolgt stets von unten nach oben. Pneumatische Antriebselemente (Aktuatoren) haben die Aufgabe, pneumatische Energie (Druck und Volumen) in mechanische Arbeit (Kraft und Bewegung] umzuformen. Sie werden nach der Art der Bewegung und dem Arbeitsbereich unterschieden in rotierende Antriebe und Lineare Antriebe. Besondere Eigenschaften von Druckluft-Arbeitselementen sind ein günstiges

Leistungsgewicht, ein natürlicher Explosions-Schutz, volle Überlastsicherheit, die einfache stufenlose Regulierung von Kraft und Geschwindigkeit, eine unbegrenzte Einschaltdauer sowie hohe Geschwindigkeiten. Lineare Antriebe werden in einfachwirkende Zylinder und doppeltwirkende Zylinder eingeteilt.

Aktuatoren: Zylinder, Motoren Ausgangssignale	
Stellglieder Steuersignale	
Steuerungsglieder Logische Verknüpfungen	
Signalglieder Eingangssignale	
Energieversorgung	

Zusammensetzung der Luft und Druck:

Die Luft besteht aus: Stickstoff (N) = 78 %, Sauerstoff (O) = 21 % Rest Kohlendioxid, Verunreinigungen und andere Gase. Für die Berechnung des Luftdruckes und den hydraulischen Druck gilt:

$$P = \frac{F}{A} \qquad Druck\,[P] = \frac{Kraft\,[N]}{Fläche\,[cm^2]}$$

Einheiten Umrechnungen in **Bar** und **Pascal**:

$$1\,\text{bar} = \frac{10\,\text{N}}{cm^2}$$

$$1\,\text{bar} = 100.000\,Pa = \frac{0{,}1\,N}{mm^2}$$

$$1\,\text{Pa} = \frac{1\,N}{m^2} = 0{,}000\,01\,\text{bar}$$

Der atmosphärische Luftdruck

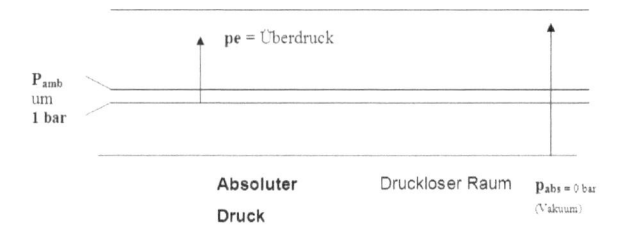

- p_e = Überdruck
- P_{amb} um 1 bar
- Absoluter Druck
- Druckloser Raum $p_{abs} = 0\,\text{bar}$ (Vakuum)

Für den absoluten Luftdruck gilt:

$$p_{abs} = p_{amb} + p_e$$

Verhältnis von Druck und Volumen bei konstanter Temperatur in Gasen

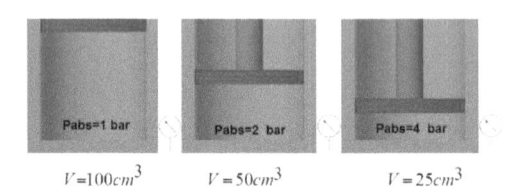

| Pabs=1 bar | Pabs=2 bar | Pabs=4 bar |
| $V = 100\,cm^3$ | $V = 50\,cm^3$ | $V = 25\,cm^3$ |

Volumenstrom

Der Begriff Volumenstrom [Q] ist das Produkt aus der Querschnittfläche [A] einer Rohrleitung, mal der Durchflussgeschwindigkeit [v] eines Mediums (Öl, Luft, Wasser).

$$Q = A \cdot v$$

Vorteile der Druckluft:
- Kräfte und Geschwindigkeiten der Zylinder sind stufenlos schaltbar
- Druckluftgeräte können ohne Schaden bis zum Stillstand überlastet werden
- Druckluftwerkzeuge sind einfacher konstruiert und deshalb meist billiger als Elektrogeräte vergleichbarer Leistung
- Druckluft ist in Druckbehältern speicherbar
- Sauberes, umweltfreundliches Medium
- Luft ist kostenlos und stets vorhanden (aber teure Energie/ niedriger Wirkungsgrad)
- Die Abluft kann ins Freie geleitet werden, die Rückleitungen können entfallen
- Explosionssicherheit
- Große erreichbare Arbeitsgeschwindigkeiten (Zylinder Standard 1500mm/s;
- Hochleistungszylinder 3000mm/s, Motoren bis 100000 l/min)
- Luft ist über große Entfernungen transportierbar (in Druckluftbehältern)
- Druckluft ist gegenüber magnetischen Impulsen sowie atomarer Strahlung unempfindlich

Nachteile der Druckluft
- Kolbendurchmesser 200mm entwickelt eine theoretische Kraft von 21000 N (ca 2100kg, bei 7 bar)

Die Kolbenkräfte sind begrenzt, da der Betriebsdruck meist unter 10 bar liegt. (Beispiel: Für eine Hebebühne wird bereits Hydraulik notwendig, mindestens 50 bar)
- Gleichförmige Kolbengeschwindigkeiten sind nur unter Verwendung besonderer Dichtungs- und Drosselungstechnik möglich (Sinus-Zylinder)
- Ohne Festanschläge keine genauen Stellungen möglich wegen der Kompressibilität der Luft
- Ausströmende Druckluft verursacht Lärm. Gegenmaßnahmen sind Schalldämpfer.
- Druckluftaufbereitung ist teuer und aufwendig. Das Potenzial der Energieersparnis im täglichen Betrieb wird noch zu wenig beachtet.
- Notwendige Druckluftaufbereitung zur Entfernung von Schmutz und Feuchtigkeit erforderlich
- Gase sind kompressibel. Platzende Pneumatikspeicher setzen große Gasvolumina frei. Insbesondere in geschlossenen Räumen kann dies eine verheerende Wirkung haben. Aus diesem Grund unterliegen Pneumatikbehälter ab einer bestimmten Baugröße einer regelmäßigen Prüfungspflicht (Kosten).

Beispiel:

H2023, F2023, F2021, H2020, F2020, F2019, H2017, F2016

Eine pneumatische Klebevorrichtung arbeitet mit einem doppeltwirkenden Zylinder 1A1, dieser fährt nach dem Einschalten sofort aus, und nach einer eingestellten Zeit, wieder ein.

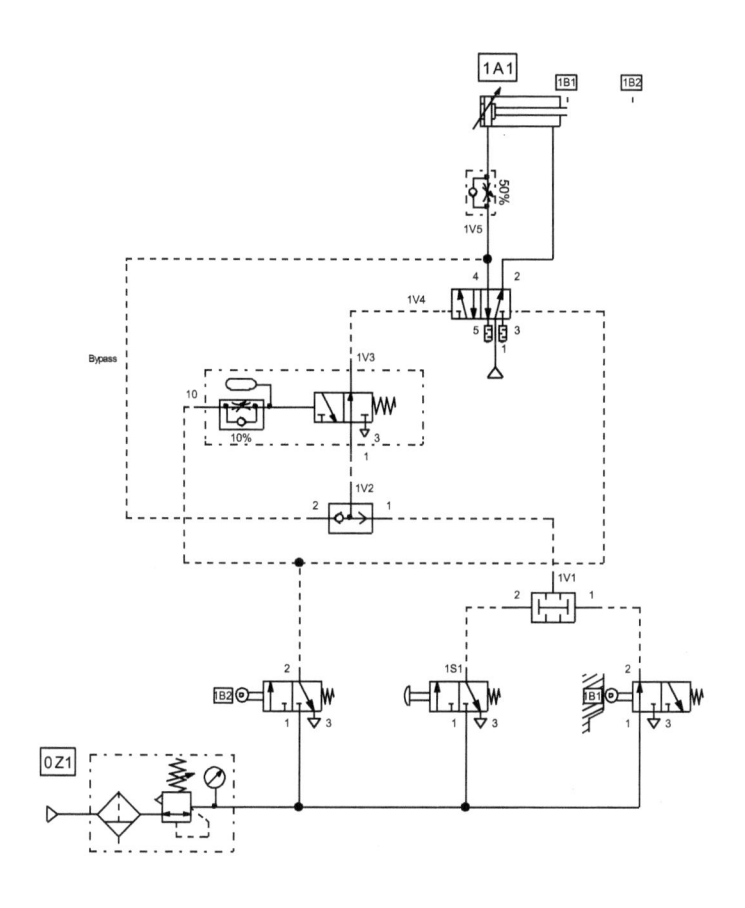

Welche Bedeutung haben die gestrichelten Linien?

Es sind Steuerleitungen.

Welche Bedeutung haben die strichpunktierten Linien?

Diese kennzeichnen eine Baugruppe, in diesem Fall die Wartungseinheit 0Z1.

Welche logischen Steuerglieder sind in der Schaltung enthalten?

Ein Zweidruckventil (UND) und ein Wechselventil (ODER)

Welche Funktion erfüllt das 1V5?

Beim Einfahren wird der Zylinder abluftgedrosselt.

Bennen Sie die vier Elemente von 0Z1

Öler, Filter mit Wasserabscheider und Druckregelventil mit Druckmanometer

Beschreiben Sie die Funktion von 0Z1.

Zunächst wird die Feuchtigkeit der Druckluft gefiltert, anschließend wird die Luft vom Öler mit einem feinen Ölnebel versehen. An dem Druckregelventil kann der Betriebsdruck eingestellt und am Druckmanometer der Druck abgelesen werden

Was ist die Funktion von 1V2?

Es ist ein Wechselventil, es erfüllt die ODER Funktion. Nach Betätigung von 1S1 fährt der Zylinder aus, betätigt 1B2.

Was bedeutet der Begriff „Bypass"?

Der Bypass ist eine **Selbsthaltung**. Der Zylinder fährt nach Betätigung von 1S1, sofort bis zum Schalter 1B2 selbsttätig aus. Nach Betätigung von 1B2 wird das Signal für die Selbsthaltung (Bypass) mit 1V2, nach 1V3 (ausschaltverzögertes Zeitventil) und 1V4, weitergeleitet. Nach einer eingestellten Zeit, von 1V3, fällt zuerst die Selbsthaltung ab, 1V4 steuert in Ausgangsstellung um, und der Zylinder fährt ein.

Was passiert, wenn der „Bypass" entfernt wird?

Den Zylinder fährt aus und sofort wieder ein.

Wozu dient das Ventil 1V3?

Nachdem der Zylinder 1B2 beim Ausfahren betätigt hat, steuert das Ventil 1V3 um. Nach einer eingestellten Zeit werden die Steuerleitungen von 1 nach 3 entlüftet und der Zylinder fährt wieder ein.

Der gesamte Ablauf:

Durch Betätigung von 1S1 (3/2Wv. Knopf) wird die UND-Bedingung mit dem in Ruhestellung betätigten 1B1 erfüllt. Das Logikventil 1V2- ODER- gibt die Druckluft über 1V3 zu 1V4 frei, 1V4 steuert um und 1A1 (DWZ, mit einstellbarer Endlagendämpfung) fährt aus.

Der Zylinder betätigt im ausgefahrenen Zustand 1B2 (rollenbetätigtes 3/2Wv.), dieses ist mit einer T-Verbindung zu dem abfallverzögertem Zeitventil und 1V4 (Stellglied 5/2Wv.) verknüpft.

Nach einer eingestellten Zeit steuert das Zeitventil um und gibt die Druckluft über das T-Stück, dass auf das 1V4 rechtsseitig wirkt wieder frei, (Abluft strömt am 3/2 Wv. im Zeitventil Anschluss 2 nach 3 ab) der Zylinder fährt wieder ein.

Was bedeutet GRAFCET?
H2013

GRAphe Fonctionnel de Commande Etapes/Transitions, wörtlich: Funktionsbefehl GRAPH Schritte/Übergänge. Bedeutet: Grafische Darstellung eines Funktionsablaufes:

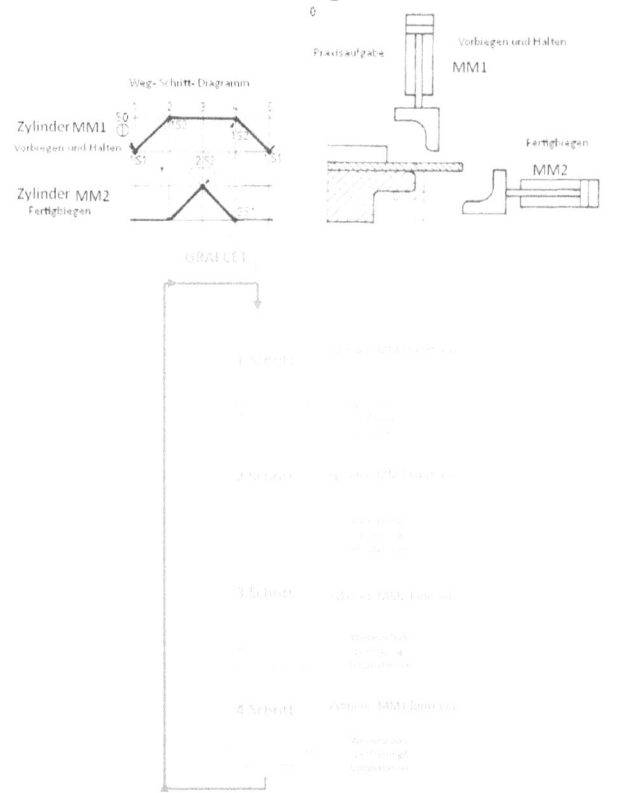

In diesem Beispiel, für eine Ablaufsteuerung, sind 4 Schritte abgebildet, zwischen diesen Schritten können Weiterschaltbedingungen und / oder andere Informationen, die für ein besseres Verständnis des Ablaufes sind, angetragen werden. Z.B. Schritt 1:, Taster S0 = Start, Schritt 2: Grenztaster 1S2, gibt Signal auf MM2, usw.

5.1.1 Spezifischer Luftverbrauch

H2015
Luftverbrauch in Pneumatikzylindern
(Kann rechnerisch oder tabellarisch erfolgen, vgl. Tabellenbuch)

Die Kraftübertragung in einem pneumatischen System erfolgt durch Druckluft. Im Gegensatz zu Flüssigkeiten ist diese jedoch kompressibel, d.h. unter Krafteinwirkung verändert sich das Volumen der Luft. Während in einer Hydraulikanlage die Flüssigkeit nach Energieabgabe in einen Tank zurückfließt, wird das Arbeitsmedium Luft nach Abgabe der Energie in die Umgebung geleitet. Es kommt also zu einem „Luftverbrauch".
Der nutzbare Druck (Arbeitsdruck, Überdruck) ergibt sich somit als Differenz von dem absoluten Druck in der Anlage und dem Umgebungsdruck. Dieser wird, wenn nicht anders angegeben, bei technischen Rechnungen mit 1bar angesetzt. (vgl. oben: **Zusammensetzung der Luft und Druck**)

Einfachwirkender Zylinder

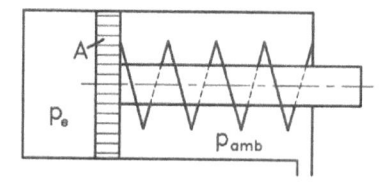

Der Luftverbrauch je Zeiteinheit wird berechnet mit
$$Q = A \cdot s \cdot n \cdot \frac{p_e + p_{amb}}{p_{amb}}$$

Q = Luftverbrauch je Zeiteinheit
A = Kolbenfläche
s = Kolbenhub
n = Hubfrequenz
p_e = Überdruck im Zylinder
p_{amb} = Umgebungsdruck

Beispiel:
Ein einfach wirkender Zylinder hat einen Durchmesser von 40mm und einen Hub von 100mm. Er wird mit einem Arbeitsdruck von 6bar betrieben. Es werden 40 Hübe pro Minute benötigt. Berechnen Sie den Luftverbrauch in Liter pro Stunde.

$$Q = A \cdot s \cdot n \cdot \frac{p_e + p_{amb}}{p_{amb}}$$

$$Q = \frac{(0{,}4\,\text{dm})^2 \cdot \pi}{4} \cdot 1\,\text{dm} \cdot 40\,\frac{1}{\text{min}} \cdot \frac{6\,\text{bar} + 1\,\text{bar}}{1\,\text{bar}}$$

$$Q = 35{,}18\,\frac{\text{dm}^3}{\text{min}} = 2111\,\frac{l}{h}$$

Beispiel:
Zum Betrieb eines einfach wirkenden Pneumatikzylinders mit einem Durchmesser von 40mm steht ein Kompressor zur Verfügung, der maximal 50l/min bei p_e = 8bar liefern kann. Mit dem Zylinder sollen 30 Arbeitshübe pro Minute

ausgeführt werden. Ermitteln Sie die maximal mögliche Hublänge, wenn der Umgebungsdruck 1,1bar beträgt.

$$Q = A \cdot s \cdot n \cdot \frac{p_e + p_{amb}}{p_{amb}}$$

$$A = \frac{d^2 \cdot \pi}{4} = \frac{(0,4dm)^2 \cdot \pi}{4} = 0,126 dm^2$$

$$S = \frac{Q}{A \cdot n} \cdot \frac{p_{amb}}{(p_e + p_{amb})}$$

$$S = \frac{50 \frac{dm^3}{min}}{0,126\, dm^2 \cdot 30\frac{1}{min}} \cdot \frac{1,1 bar}{(8 bar + 1,1 bar)}$$

s = 1,598 dm = <u>160 mm</u>

Doppeltwirkender Zylinder

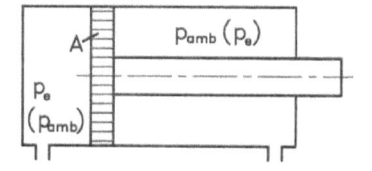

Bei dieser Zylinderbauart bleibt der geringfügig verringerte Luftverbrauch beim Rücklauf unberücksichtigt d.h. die Kolbenstangenfläche wird vernachlässigt. Dadurch verdoppelt sich der Luftverbrauch im Vergleich zum einfachwirkenden Zylinder.

$$Q = 2 \cdot A \cdot s \cdot n \cdot \frac{p_e + p_{amb}}{p_{amb}} \quad \text{(Legende vgl. einfachw. Zylinder)}$$

Beispiel:
Ein doppeltwirkender Pneumatikzylinder mit einem Durchmesser von 50mm und einer Hublänge von 100mm wird mit einem Arbeitsdruck von 6bar betrieben. Dazu

stehen 30 Liter Druckluft pro Minute zur Verfügung. Welche Hubfrequenz ist maximal möglich?

Lösung

$$Q = 2 \cdot A \cdot s \cdot n \cdot \frac{p_e + p_{amb}}{p_{amb}}$$

$$n = \frac{Q}{2 \cdot A \cdot s} \cdot \frac{p_{amb}}{p_e + p_{amb}} \quad A = \frac{(0{,}5\,dm)^2 \cdot \pi}{4} = 0{,}196\,dm^2$$

$$n = \frac{30\frac{l}{min}}{2 \cdot 0{,}196\,dm^2 \cdot 1\,dm} \cdot \frac{1\,bar}{6\,bar + 1\,bar}$$

n = 10,93 Hübe/Minute

5.2 Elektropneumatik

F2022, H2018, F2017, H2015,

Eine Prägevorrichtung funktioniert durch eine Ablaufsteuerung mit einem doppeltwirkenden Verschiebezylinder 1A1 und einem doppeltwirkenden Prägezylinder 2A1.

Der Verschiebezylinder positioniert das Werkstück aus dem Magazin in die Prägevorrichtung. Der Verschiebezylinder bleibt solange ausgefahren, bis der Prägezylinder ein- und wieder ausgefahren ist. Der elektropneumatische Schaltplan mit dem Energiesteuerteil und dem Leistungsteil liegt bereits vor.

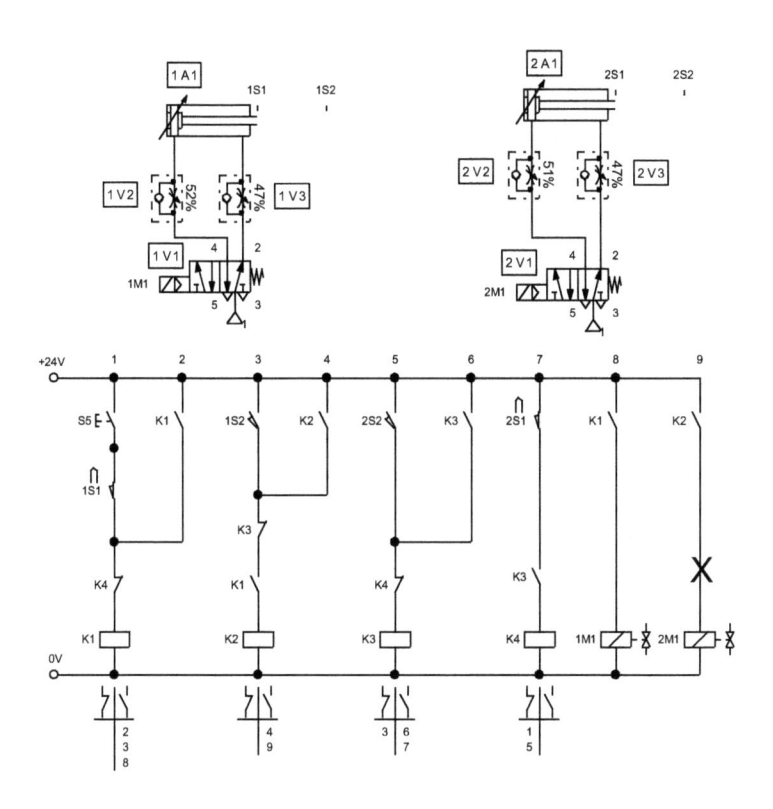

Welche Bedeutung haben die Pfeile über den elektromechanischen Grenztastern 1S1 und 2S1?

1S1 und 2S1 sind in der Grundstellung betätigt.

Wie viele Kontakte hat das Relais K3?

Drei, (1 Öffner, 2 Schließer)

Beschreiben Sie die Stellventile 1V1 und 2V1 so genau wie möglich.

Es handelt sich um monostabile und vorgesteuerte 5/2 Wegeventile, mit Magnetventilbetätigung und Federrückstellung.

Welche Funktion hat der Öffner von K3 im Strompfad 3?

Die Selbsthaltung im Strompfad 4 fällt ab, zusammen mit dem Signal im Strompfad 9, an 2M1, für 2A1 zum Ausfahren.

Lesen Sie die Zylinderschritte aus dem Schalplan ab.

4 Schritte, Schrittfolge: 1A1+ 2A1+ 2A1- 1A1-

+ = ausfahren

- = einfahren

Signalverarbeitung:

Eingangssignale:

1A1+ → Strompfad 1 und 2

2A1+ → Strompfad 3 und 4

2A1- → Strompfad 5 und 6

1A1- → Strompfad 7

Ausgangssignale:

Schritt 1A1+, **Ausfahren:** Strompfad 8 zu 1M1 Zylinder.

Schritt 2A1+, **Ausfahren:** Strompfad 9 zu 2M1 Zylinder.

Schritt 2A1-, **Einfahren:** wenn die Selbsthaltung im Strompfad Pfad 2 durch den Schließerkontakt K1 abfällt.

Schritt 1A1-, **Einfahren:** wenn die Selbsthaltung im Strompfad Pfad 4 durch den Schließerkontakt K2, abfällt.

Entwerfen Sie das Weg Schrittdiagramm mit Signallinien von beiden Zylindern.

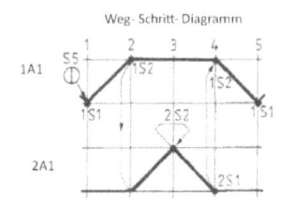

Weg- Schritt- Diagramm

(Weg-Schritt-Diagramm für 1A1 und 2A1, Schritte 1–5)

Was würde passieren, wenn im Strompfad 9 (gekennzeichnet mit X), ein Drahtbruch vorliegt?

1A1 würde ausfahren, 2A1 bleibt eingefahren.

Welche Art Stellventile (1V1 und 2V1), lassen sich für die gleiche Schrittfolge, anstelle der monostabilen Stellventile verwenden?

Bistabile 5/2 Wegeventile, (als Stellventile) im Leistungsteil:

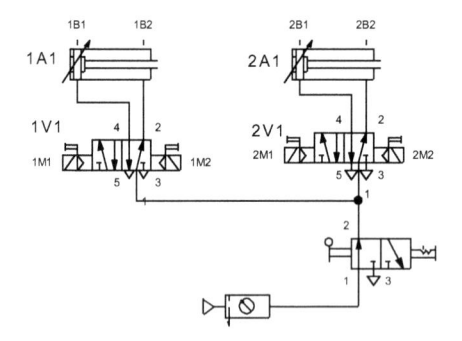

Für die Vollständigkeit der Schaltung, der dazu passende Energiesteuerteil für bistabile Stellventile (Gerätebezeichnung ist ein B):

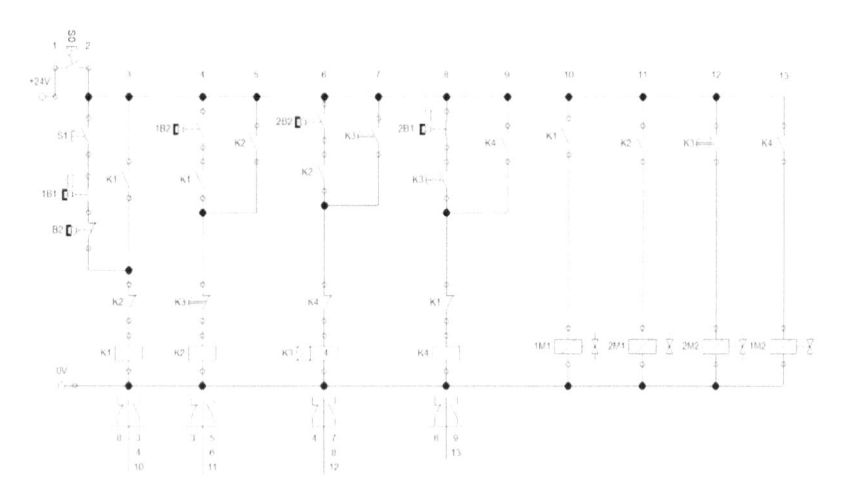

5.3 Hydraulik

F2015, H2016

Physik:

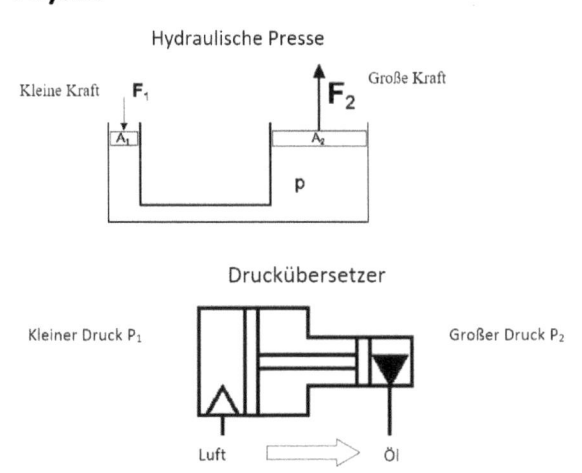

Hydraulische Presse

Kleine Kraft F_1 F_2 Große Kraft

A_1 A_2

p

Druckübersetzer

Kleiner Druck P_1 Großer Druck P_2

Luft   ⇒   Öl

Stationärhydraulik: Sie findet Anwendung bei fest installierten Anlagen (Maschinen und Anlagen in der industriellen Fertigung). Beispiele: Werkzeugmaschinen:
-Drehmaschinen, Fräsmaschinen, insbesondere die hydraulische Einspannung von Dreh- oder Fräsrohlingen.
- Hubeinrichtungen: Hebebühnen, Kräne, Autokräne, Stapler

Mobilhydraulik: Diese Hydraulik ist in Fahrzeugen untergebracht und bewegt sich mit dem Fahrzeug mit. Beispiele:
- Baufahrzeuge: Bagger, Radlader, Planierraupen
- Fahrzeugtechnik: Kfz (Bremsen/Lenkung)

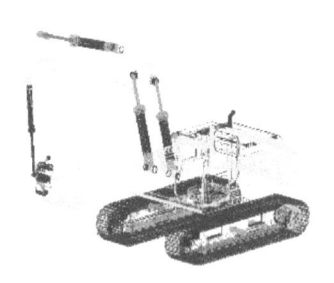

Energieversorgungseinheit

Die Ölpumpe mit Motor liefert den erforderlichen Volumenstrom für die Hydraulikanlage. Der Druck in der Anlage baut sich durch den Widerstand des Aktuators auf. Ein Druckbegrenzungsventil verhindert Überlast und mögliche Schäden in der Anlage.

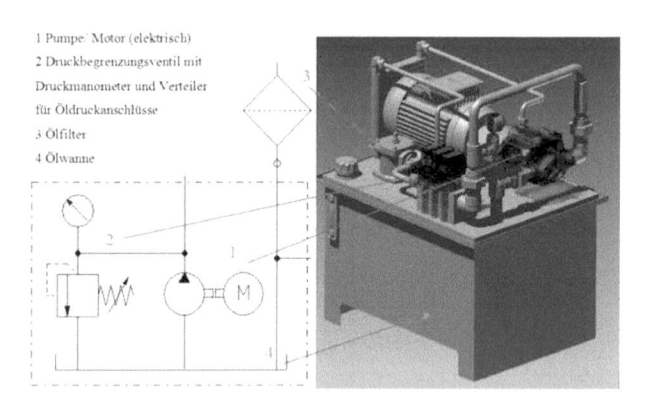

1 Pumpe/ Motor (elektrisch)
2 Druckbegrenzungsventil mit Druckmanometer und Verteiler für Öldruckanschlüsse
3 Ölfilter
4 Ölwanne

Hydropumpen

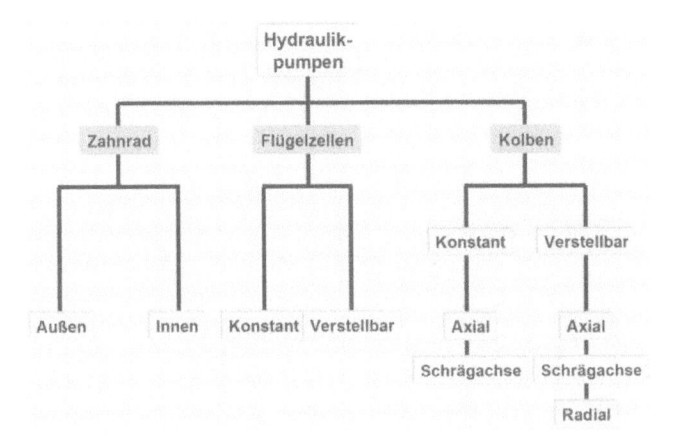

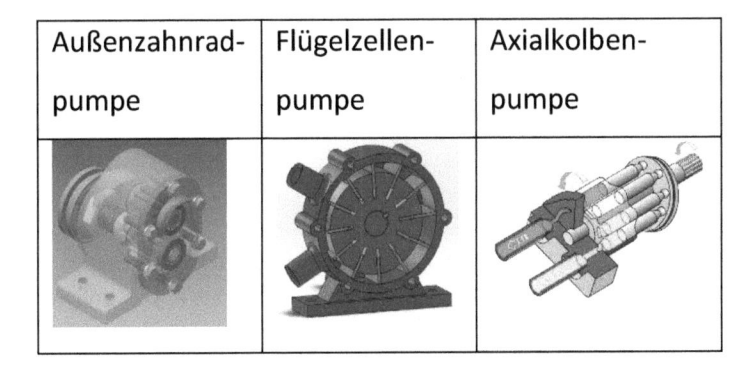

```
                    Hydraulik-
                     pumpen
        ┌──────────────┼──────────────┐
     Zahnrad       Flügelzellen       Kolben
                                 ┌──────┴──────┐
                              Konstant    Verstellbar
   ┌────┬────┐    ┌─────┬──────┐    
 Außen Innen  Konstant Verstellbar  Axial        Axial
                                      │            │
                                  Schrägachse  Schrägachse
                                                   │
                                                 Radial
```

Außenzahnrad-pumpe	Flügelzellen-pumpe	Axialkolben-pumpe

Beispiel: Prinzipieller Aufbau einer Hydroanlage, Gerätebezeichnung:

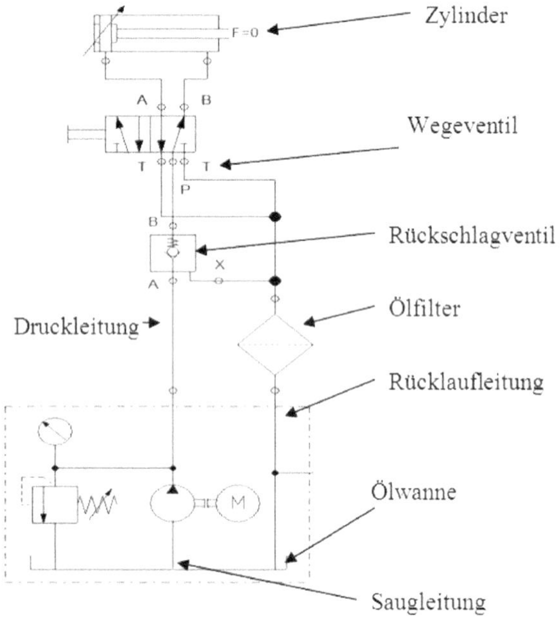
Zylinder
F=0
A
B
Wegeventil
T
T
P
B
Rückschlagventil
X
A
Druckleitung
Ölfilter
Rücklaufleitung
M
Ölwanne
Saugleitung

Beispiel:
F2015, H2021

Zum Anheben und Senken schwerer Lasten dient diese hydraulische Hebevorrichtung.

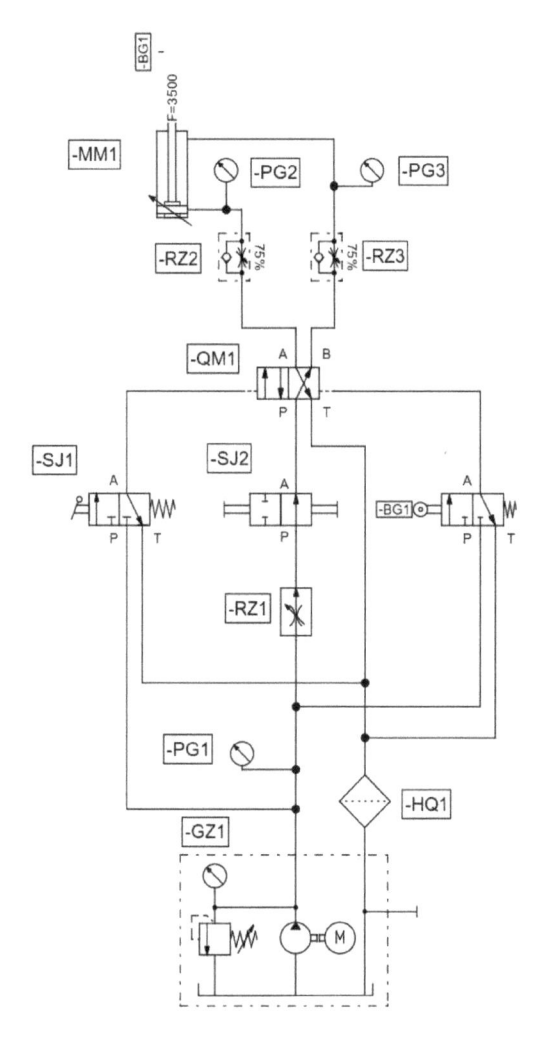

Erläutern Sie die Aufgabe des Bauteils -HQ1

Filterung der Hydraulikflüssigkeit von Abriebteilchen und Schmutz.

Wie wird das nachstehende Zeichen in -GZ1 benannt?

DBV, Druckbegrenzungsventil

Stellen Sie die Bedeutung des schrägen Pfeils am Schaltzeichen von -GZ1 dar.
Der Betriebsdruck der Anlage wird an dem DBV eingestellt

Wohin könnte -HQ1 noch verbaut werden?

Beispielsweise in der Druckleitung

Aus welchen Bauteilen besteht die Baugruppe -GZ?

-DBV mit Druckmanometer
-Hydraulikpumpe mit Antriebsmotor
-Öltank
-Anschlüsse für Druck- und Rücklauf

Welche Maßnahme könnte wirksam sicherstellen, zu verhindern, dass sich bei einem verstopften Filter, ein Staudruck vor dem Filter aufbaut?

Durch eine parallele Verschaltung eines Rückschlagventils am Filter.

Wozu dient das -RZ1?

Lastunabhängige Steuerung, es sorgt für einen gleichbleibenden Volumenstrom, unabhängig vom Lastdruck.

Was passiert wenn -MM1 vollständig ausgefahren ist?

-BG1 schaltet um, -QM1 stellt auf Grundstellung, und der Zylinder fährt ein

Welche Funktion hat -SJ2 ?

Es kann den Volumenstrom im Vorhub- und im Rückhub, in jeder Position des Zylinders blockieren, bzw. den Zylinder halten.

Welche Art von Drosselung sind die -RZ2 und -RZ3 ?

Abflussdrosselung

Lässt sich im Vorhub- oder im Rückhub die Geschwindigkeit am DWZ einstellen?

Die Geschwindigkeit lässt sich durch -RZ2 und -RZ3, in beiden Richtungen einstellen.

Wie verhält sich der Zylinder durch die Abflussdrosselung gegenüber der Zuflussdrosselung ?

Der „Stipslick"- Effekt- das Ruckgleiten- des Zylinders wird verhindert, der Zylinder läuft störungsfrei mit oder ohne Last.

Wie steigen oder fallen die Druckanzeigen an -PG2 und -PG3 wenn der Zylinder unter Last ausfährt?

-PG3 steigt an -PG2 fällt ab

5.4 Elektrohydraulik

H2019, H2015

Eine hydraulische Presse wird für Einpressvorgänge erwärmter Zahnräder auf Wellen eingesetzt.

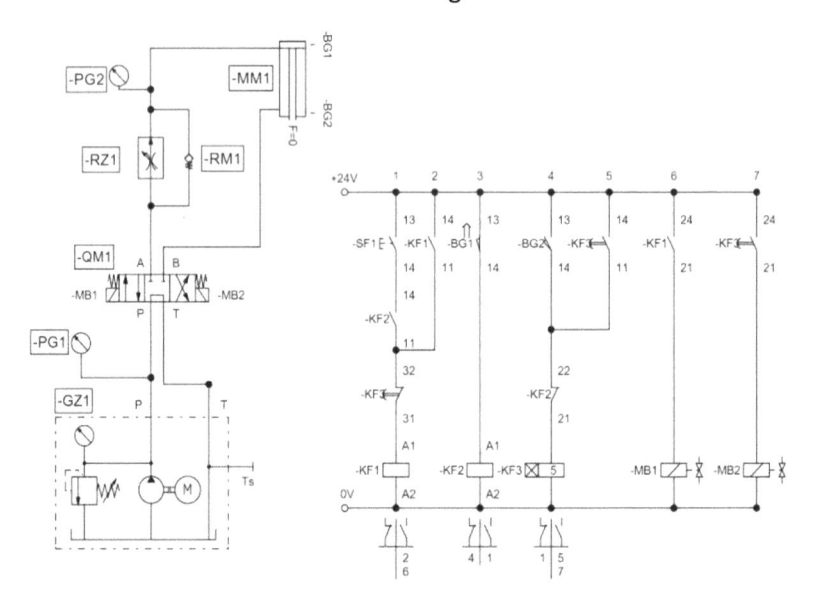

Wie lautet die genaue Bezeichnung des Ventils -RZ1 ?

Stromregelventil

Was passiert, wenn -SF1 dauernd gedrückt wird?

Solange wie gedrückt wird, wiederholt die Anlage den Zyklus.

In welcher Zylinderposition wird der maximale Druck angezeigt?

Wenn der Zylinder ausgefahren ist.

Welche Funktion erfüllt das -RZ1 ?

Es ermöglicht eine lastunabhängige Steuerung des DWZ, es sorgt für einen gleichbleibenden Volumenstrom, unabhängig vom Lastdruck.

Worin besteht der Vorteil der Mittelstellung bei 4/3 Wegeventilen?

Der Zylinder kann ich jeder Position gehalten werden.

4/3 Wegeventile als Stellglied werden in der Hydraulik häufig eingesetzt. Welches 4/3 Wegeventil ist in dieser Schaltung verbaut?

4/3 Wegeventil mit U-Stellung: Es herrscht ein druckloser Umlauf- das Hydroöl fließt durch das Ventil, wobei Energie gespart wird. Der Zylinder bleibt in seiner Stellung.

Finden Sie weitere 4/3 Wegeventile.

	Schaltstellung	Wirkung
mit Sperr-Mittelstellung		Alle Anschlüsse (P, A, B, T) sind voneinander getrennt. Das Manometer zeigt den am Druckbegrenzungsventil eingestellten maximalen Systemdruck an. Die gesamte Pumpenfördermenge fließt über das Druckbegrenzungsventil zurück zum Tank.
mit U-Stellung		Es herrscht ein druckloser Umlauf – das Hydroöl fließt durch das Ventil, wobei Energie gespart wird. Der Zylinder bleibt in seiner Stellung.
mit H-Stellung		Zwischen P und T herrscht ein druckloser Umlauf; A und B sind zum Tank entlastet. Neben dem drucklosen Umlauf besteht eine sogenannte Schwimmstellung. Das bedeutet, der Zylinder läßt sich leicht durch äußere Kräfte verschieben.
mit Y-Stellung		A, B und T sind miteinander verbunden, Anschluß P ist gesperrt. Mittelstellung ist zugleich Schwimmstellung. Da bei P der Systemdruck ansteht, können weitere parallel dazu geschaltete Schaltkreise verbaut werden.

Worin besteht die Funktion von -RM1?

Es ermöglicht, dass der Zylinder wieder einfahren kann, da der Volumenstrom über das Stromregelventil den Zylinder nur zum Ausfahren ansteuert.

Warum ist im Strompfad 2 eine Selbsthaltung?

Der Schließerkontakt von -KF1 bleibt solange angezogen, bis der Zylinder ausfahren ist und das Zeitrelais -KF3 abfällt.

5.5 SPS

Die elektropneumatische Schaltung (vgl. Weg- Schritt- Diagramm) aus Kapitel 5.2 ist unten als SPS- Programm umgesetzt. Die farblich gekennzeichneten UND- Verknüpfungen markieren die Schrittfolge der Zylinder. Die Darstellung gibt die vollständige Programmierung eines SPS- Programms wieder, wie es auch in der Praxis verwendet würde. Wichtig sind hier hauptsächlich die markierten Schrittfolgen der Zylinder, welche in diesem Fall, durchweg mit logischen UND Verknüpfungen programmiert werden.

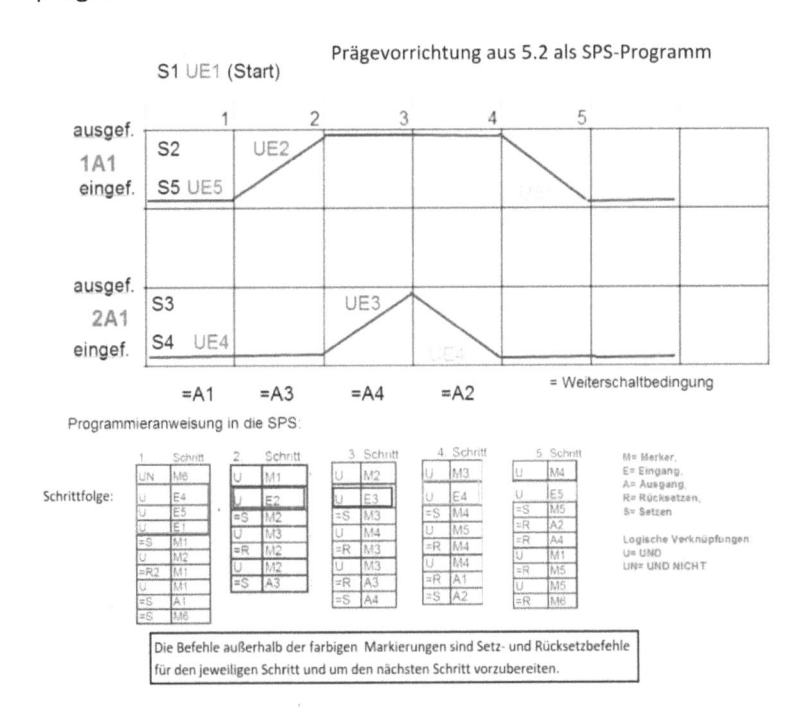

Prägevorrichtung aus 5.2 als SPS-Programm

S1 UE1 (Start)

	1	2	3	4	5
ausgef. 1A1 eingef.	S2 / S5 UE5	UE2			
ausgef. 2A1 eingef.	S3 / S4 UE4		UE3		

=A1   =A3   =A4   =A2   = Weiterschaltbedingung

Programmieranweisung in die SPS:

Schrittfolge:

1. Schritt	2. Schritt	3. Schritt	4. Schritt	5. Schritt
UN M6	U M1	U M2	U M3	U M4
U E4	U E2	U E3	U E4	U E5
U E5	=S M2	=S M3	=S M4	=S M5
U E1	U M3	U M4	U M5	=R A2
=S M1	=R M2	=R M3	=R M4	U M1
U M2	U M2	U M3	U M4	=R M5
=R2 M1	=S A3	=R A3	=R A1	U M6
U M1		=S A4	=S A2	=R M6
=S A1				
=S M6				

M= Merker,
E= Eingang,
A= Ausgang,
R= Rücksetzen,
S= Setzen

Logische Verknüpfungen
U= UND
UN= UND NICHT

Die Befehle außerhalb der farbigen Markierungen sind Setz- und Rücksetzbefehle für den jeweiligen Schritt und um den nächsten Schritt vorzubereiten.

5.6 Regelungstechnik

H2023, H2022, H2021, H2019, F2019, H2018, H2017, F2017, H2016, F2015

Wodurch unterscheidet sich eine Steuerung von einer Regelung?

Eine Steuerung hat einen offenen,- die Regelung einen geschlossenen Wirkungskreislauf

Bei einer Regelung erfolgt ein permanenter Vergleich zwischen dem **Ist**- Wert (Regelgröße) und dem **Soll**-Wert (Führungsgröße).

Der messtechnische Aufwand für eine Regelung ist erheblich höher. Störungen werden am besten durch den PID- Regler ausgeglichen. Der elektronische und der digital umgesetzte PID- Regler arbeiten am besten und sehr stabil (weitere Info unter *„stetige Regler"*).

Worin liegen die Einsatzzwecke einer Regelung?

Im Alltag, Temperatur:

Regelung von Heizungsanlagen, automatische Klimaanlagen

Im Alltag, allgemein:

Wasserstandregelung in Schwimmbädern und Haushalten

Produktionsalltag, Technik:

Digitale Drehzahlregelung bei Werkzeugmaschinen
Druckregelung in der Pneumatik und Hydraulik
Flugzeugnavigationstechnik

Ordnen Sie die Fachbegriffe der nachstehenden Druckregeleinrichtung zu.

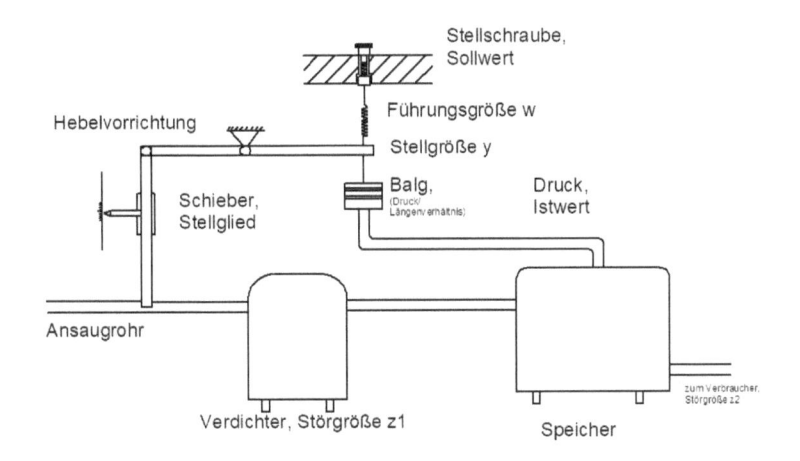

Diagramm einer Druckregeleinrichtung mit folgenden Beschriftungen:
- Stellschraube, Sollwert
- Hebelvorrichtung
- Führungsgröße w
- Stellgröße y
- Schieber, Stellglied
- Balg (Druck/Längenverhältnis)
- Druck, Istwert
- Ansaugrohr
- Verdichter, Störgröße z1
- Speicher
- zum Verbraucher, Störgröße z2

Regelstrecke: Druckregeleinrichtung

Regler: Schieber, öffnet bzw. schließt den Durchlass vom Ansaugrohr

Regelgröße: Istwert, Druck im Speicher

Führungsgröße: Sollwert; Schraube

Mögliche **Störgrößen**: beim Verdichter Druck und Schwingungen, beim Speicher schwankender Druck

Wodurch unterscheiden sich stetige und unstetige Regler?

Unstetige Regler:

Zweipunktregler

Beispiel: Regeln der Wassertemperatur in einem Heizkessel (auch Bügeleisen)

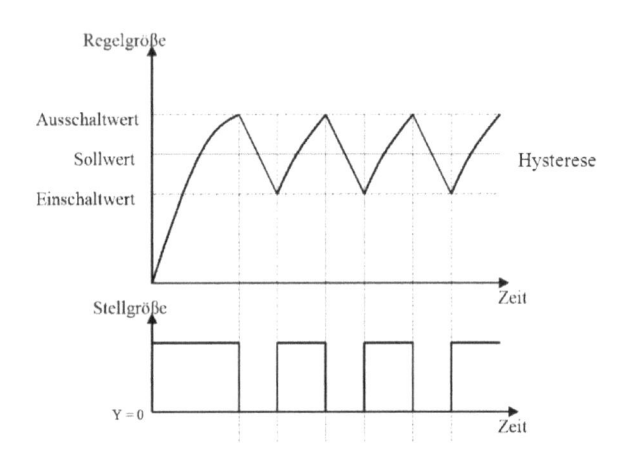

Was versteht man bei unstetigen Reglern unter Hysterese?

Vgl. Bild: die unterschiedlichen Ein und Ausschaltpunkte sind vom Regelverhalten her relativ ungenau, beispielsweise reicht es jedoch für das Regeln des Temperaturverhaltens bei einem Bügeleisen völlig aus.

Stetige Regler:

H2023, H2021, F2015

Es wird zwischen **stetigen und unstetigen Reglern** unterschieden. Ein unstetiger Regler erfasst den Sollwert (Regelgröße), wie bei einem Bügeleisen, mit einem Kontakt aus Bimetall (Zweipunktregler). Bei Erwärmung biegt sich der Kontakt, bei Abkühlung schließt er wieder. Der Sollwert (Regelgröße) wird unstetig erfasst.
In einem weitaus größeren Umfang sind die **stetigen Regler** vertreten:
Nach der Sprungantwort des Reglers wird bei den stetigen Reglern zwischen **P,- I,- D-, PI,** und **PID** Reglern unterschieden. In Fällen bei denen es auf eine *exakte Regelgenauigkeit* ankommt, werden meistens elektrisch oder elektronisch arbeitende **Integralregler** eingesetzt. Integralregler lassen sich mit Proportionalregler kombinieren. Die Proportional/ Integralregler (PI-Regler), sind komplizierter im Aufbau und finden in der Praxis für schwierige Regelaufgaben sehr häufig Anwendung. Darüber hinaus werden noch als dritte Komponente Differentialregler unterschieden. Dieser Reglertyp regelt zwar schnell und nur bei auftretenden Regelabweichungen, aber ungenau. Der Differentialregler kann allein nicht eingesetzt werden, nur in Kombination mit einem Proportionalregler zu einem PD-Regler oder PID- Regler. Der PID- Regler wird aufgrund seines komplizierten Aufbaus für schwierigste Regelungsaufgaben eingesetzt.
Nachfolgend die Betrachtungen der **P-, I-, D-,** Anteile im Einzelnen. **Der P-Anteil ist grundlegend,** der I-Anteil und der **D-** Anteil bauen auf den **Proportional- Regler-** Anteil auf.

1. Proportional Regler

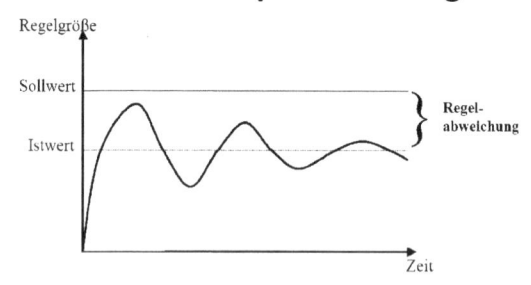

P– Regler arbeiten **schnell,** allerdings mit einer bleibenden Regelabweichung

Ein stetiger Regler ist **der Fliehkraftregler** einer Dampfmaschine und ein Beispiel für einen Proportionalregler.

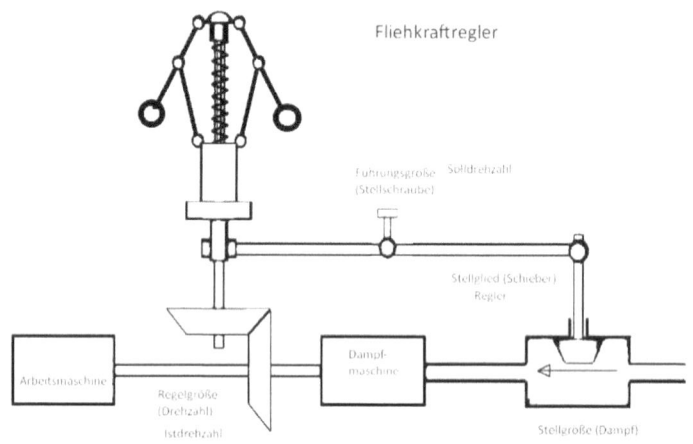

Es wird ständig die Regelgröße, die Drehzahl, überprüft und mit der Stellgröße (Dampfdruck) nachgeregelt, damit die Drehzahl konstant bleibt. Die Belastung der Maschine wirkt

als Störgröße wobei die Drehzahl (Regelgröße) der Maschine sinkt. Das Fliehkraftpendel wird langsamer, die Hülse drückt das Gestänge nach unten und öffnet gleichzeitig/ direkt den Schieber um die Menge des Dampfes zu erhöhen.

Anfahrstellung
Dampfmaschine unter Teillast:
die Gewichte bewegen sich mit der Hülse nach oben,
das Ventil schließt, die Drehzahl der Arbeitsmaschine sinkt.

Dampfmaschine unter Volllast:
die Gewichte bewegen sich mit der Hülse nach unten,
das Ventil öffnet, die Drehzahl der Arbeitsmaschine steigt.

Zwischen diesen beiden Positionen pendelt der Fliehkraftregler somit *schnell* die konstante Drehzahl aus.

2. Integral- Regler

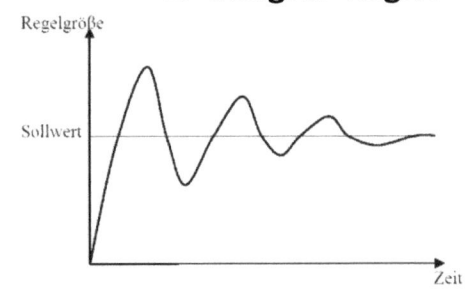

I- Regler arbeiten zwar langsamer, können dafür **Regelabweichungen** vollständig ausregeln

3. Differential- Regler

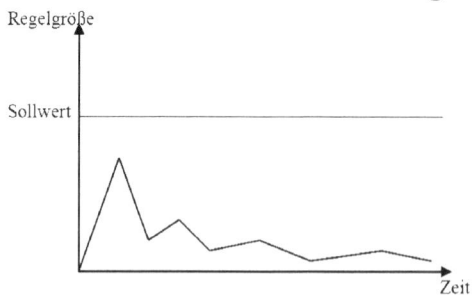

Der D- Regler erhöht die Regelgeschwindigkeit, bei auftretenden Regelabweichungen, kann jedoch keinerlei Regelabweichung ausgleichen

Beispiel: Kühlwasserregelung an einer CNC- Drehmaschine:

Ordnen Sie die Blöcke korrekt zu:

Sollwert der Temperatur des Kühlwassers
Temperatur des Kühlwassers (Istwert)
Differenz zwischen Soll- und Istwert
hohe Schnittkräfte, hohe Drehzahlen
CNC- Maschine, Kühlsystem

-Regelgröße→
-Führungsgröße→
-Regelstrecke→
-Regeldifferenz→
-Störgröße→

Korrekte Zuordnung:
-Regelgröße→ Temperatur des Kühlwassers (Istwert)
-Führungsgröße→Sollwert der Temperatur des Kühlwassers

- Regelstrecke→ CNC- Maschine, Kühlsystem
- Regeldifferenz→ Differenz zwischen Soll- und Istwert
- Störgröße→ hohe Schnittkräfte, hohe Drehzahlen

Zusammenfassung

Es wird zwischen **stetigen und unstetigen Reglern** unterschieden. Ein unstetiger Regler erfasst den Sollwert (Regelgröße), wie bei einer Ofenheizung mit einem Kontakt aus Bimetall (Zweipunktregler). Bei Erwärmung biegt sich der Kontakt, bei Abkühlung schließt er wieder. Der Sollwert (Regelgröße) wird unstetig erfasst. Nach der Sprungantwort des Reglers wird bei den stetigen Reglern zwischen **P,- I,- D-, PI,** und **PID** Reglern unterschieden. In Fällen bei denen es auf eine *exakte Regelgenauigkeit* ankommt, werden meistens elektrisch oder elektronisch arbeitende **Integralregler** eingesetzt. Integralregler lassen sich mit Proportionalregler kombinieren. Die Proportional/ Integralregler (PI-Regler), sind komplizierter im Aufbau und finden in der Praxis für schwierige Regelaufgaben sehr häufig Anwendung. Darüber hinaus werden noch als dritte Komponente Differentialregler unterschieden. Dieser Reglertyp regelt zwar schnell und nur bei auftretenden Regelabweichungen, aber ungenau. Der Differentialregler kann allein nicht eingesetzt werden, nur in Kombination mit einem Proportionalregler zu einem **PD**-Regler oder **PID**-Regler. Der **PID- Regler** wird aufgrund seines komplizierten Aufbaus für schwierigste, meistens elektronische, Regelungsaufgaben eingesetzt.

5.7 Sensoren

F2021

Geometrische, chemische oder physikalische Größen werden in *elektrische* umgewandelt (Widerstand, Spannung, Strom, elektrische Ladungen).

Führungsgröße (Sollwert) und Regelgröße (Istwert) werden abgeglichen.

5.7.1 Sensortypen

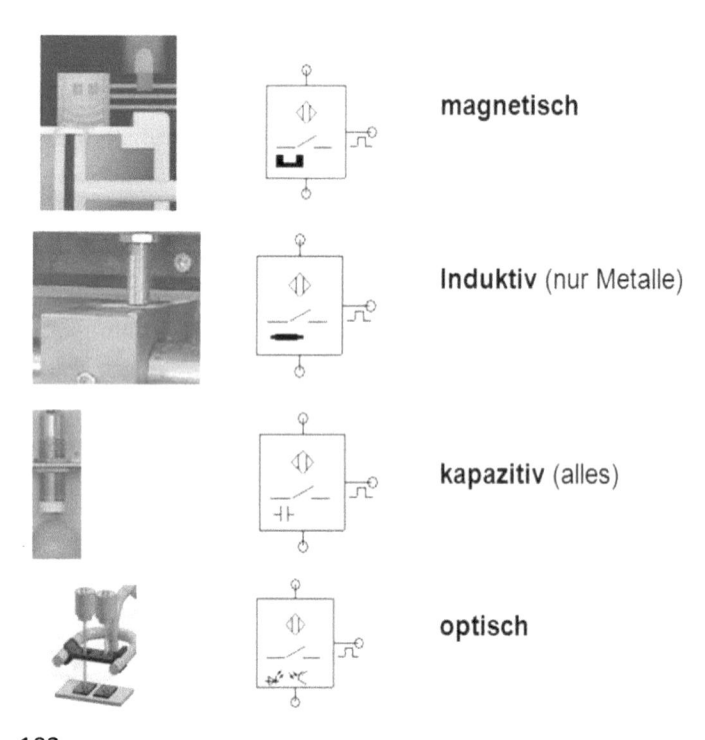

		magnetisch
		Induktiv (nur Metalle)
		kapazitiv (alles)
		optisch

5.8 CNC-Steuerung

CNC **C**omputer **N**umerical **C**ontrol→ wörtlich übersetzt: Numerische Computersteuerung

Der erste Automatisierungsschritt in Richtung Computersteuerung, für Werkzeugmaschinen, war die NC-Steuerung, die Informationsverarbeitung erfolgte über Lochstreifen, ohne einen Computer oder Prozessor. Das erste C für Computer fehlte noch. Zu Beginn der 80er Jahre übernahm nach und nach der Computer die Informationsverarbeitung an der NC- Steuerung und das erste C wurde hinzugefügt. Es kommt dennoch fälschlicher Weise vor, dass NC mit CNC gleichgesetzt wird.

F2016

Was bedeutet DNC?
Wenn mehrere CNC- Maschinen von einem Leitrechner zentral verwaltet werden, lautet die Bezeichnung **DNC Distributed Numerical Control**→ wörtlich übersetzt: Verteilte numerische Steuerung (vgl. auch Grafik unter Kapitel 7.0).
Von Vorteil ist hier der minimierte Verwaltungsaufwand, die zentralisierte Verwaltung der Maschinenbelegung, Qualitätssicherung und Werkzeugverwaltung. Der Wegfall von Datenträgern optimiert einen schnelleren und fehlerfreien Informationsfluss.

H2022

Ablaufplan zur Vorbereitung einer **CNC-Bearbeitung**

1. Halbzeuge vorbereiten: Rohteile, Halbzeuge
2. CNC-Maschine einrichten, Werkzeuge, Rohteile

3. CNC-Maschine programmieren

4. Überprüfung der CNC-Maschine auf fehlerfreie Produktion

5. Freigabe durch die Qualitätsprüfung

6. Serien- Fertigung kann starten

Ablaufplan zur Durchführung einer **CNC-Programmierung**

->Bei CAD/ CAM Software:

Die konvertierten Daten aus dem CAD/CAM System werden zur Maschine gesendet.

->Bei der Programmierung in Werkstatt oder Arbeitsvorbereitung:

1. Vorgaben: Zeichnung, Stückzahl, Material, Rauhtiefen..

2. Ermittlung der technologischen Daten, Drehzahl Vorschub

3. Werkzeuge zuordnen

4. Referenzpunkte anfahren, Werkstücknullpunkt festlegen

5. Werkstückkontur programmieren

6. Programm einlesen und auf Fehler mit GPS überprüfen (**g**rafische **P**rozess**s**imulation).

7. QM- Freigabe

8. Start zur Serienproduktion

H2023, F2023

H2023, F2023, F2022, F2021, H2020, F2020, F2019, H2018, F2018, H2017, F2017, H2015, F2015

Wegmesssysteme

⇒ Absolute Maßangaben, Maßangaben beziehen sich auf den Werkstücknullpunkt
Erfolgt durch optisch-elektronische Abtasteinrichtung mit Codelineal

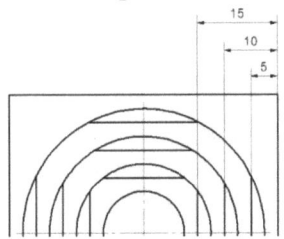

⇒ Inkrementale Maßangaben, Kettenmaße
Erfolgt durch optisch-elektronische Abtastung auf linearen Glasmaßstab, mit Strichgitter

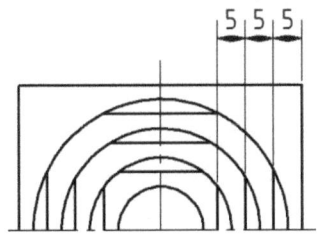

Nennen Sie die wichtigsten Bezugspunkte auf CNC-Werkzeugmaschinen

Werkstücknullpunkt W

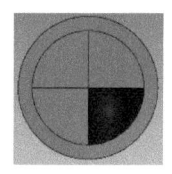

⇒ Ab diesem Punkt beginnt die Programmierung der Werkstückkontur, bzw. startet das CNC-Programm die Bearbeitung der Kontur

Maschinennullpunkt M

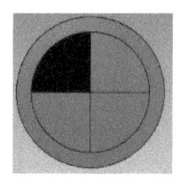

⇒ Wird vom Maschinenhersteller festgelegt

Referenzpunkt R

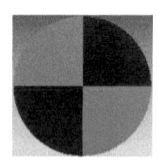

⇒ Wird bei Maschinen mit inkrementaler Wegmessung überfahren

Werkzeugkoordinaten-Nullpunkt T

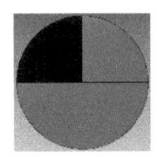

⇒ Bezugspunkt für die Längenvermessung der verschiedenen Werkzeuge

Wozu werden Werkzeugbahnkorrekturen benötigt?

Durch geeignete Vermessungsgeräte werden Schneidenradien und Werkzeuglängen ermittelt. Diese Daten werden automatisch von der CNC Steuerung mithilfe des entsprechenden **G**- Befehls, verrechnet, damit der Programmierer sich ausschließlich auf die Konturbemaßung beim Programmieren des Werkstückes, konzentrieren kann.

Schneidenradienkorrektur, Beispiel Drehen

-zur Verrechnung in der CNC-Steuerung

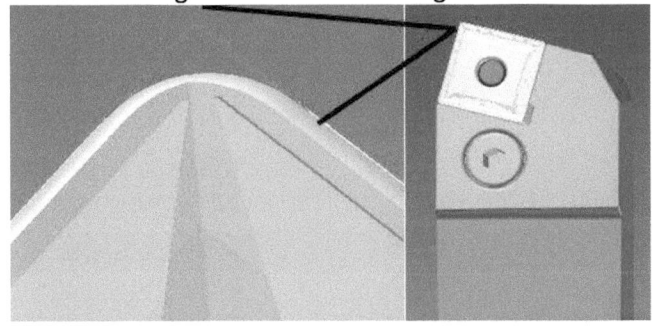

Werkzeuglängenkorrektur, Beispiel Drehen
-zur Verrechnung in der CNC-Steuerung

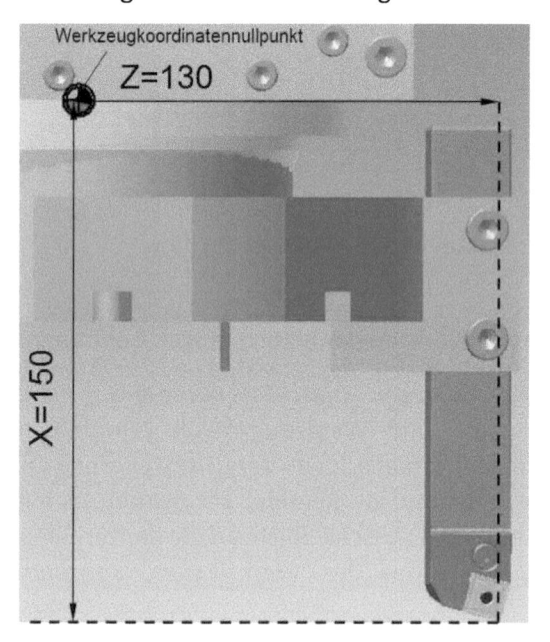

Punktsteuerung, Beispiel Bohren

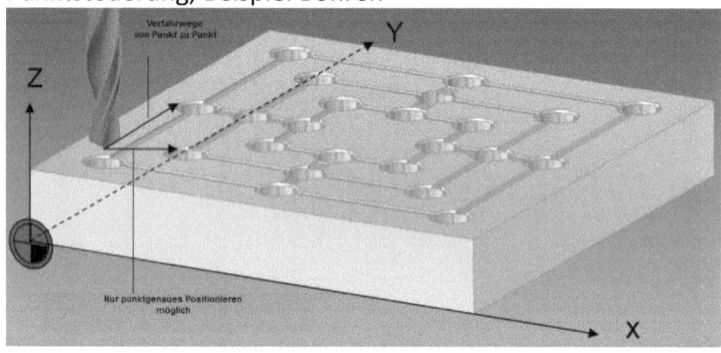

Streckensteuerung, Beispiel Fräsen

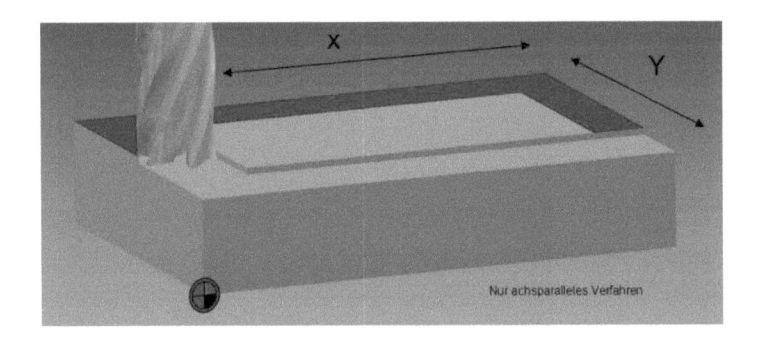

2D- Bahnsteuerung, Beispiel Fräsen

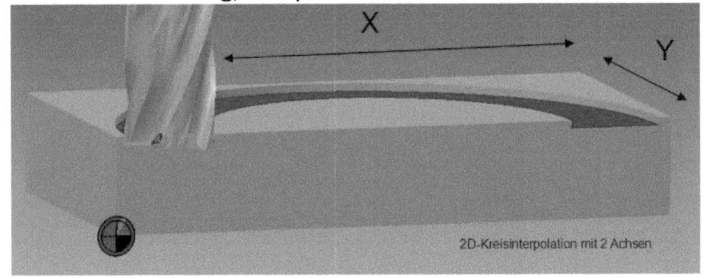

3D- Bahnsteuerung, Beispiel Fräsen

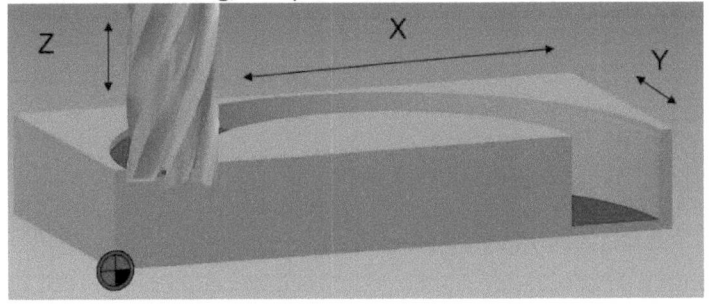

Die Einzelbauteile von Maschinen, z.B. Wellen, werden auf CNC gesteuerten Werkzeugmaschinen gefertigt. Beschreiben Sie fünf Vorteile für den Einsatz von CNC gesteuerten Werkzeugmaschinen.

Vorteile für den Einsatz der CNC gesteuerten Werkzeugmaschine sind z. B.:

H2021, F2022, H2023

- konstante Werkstückqualität

- kürzere Fertigungszeit durch optimale Schnittwerte und Verfahrwege

- schnelle Anpassung bei Zeichnungs- bzw. Werkstückänderung

- Unterprogramme wiederholt verwendbar

- komplexe Werkstückgeometrien bearbeitbar

Vorteile im Vergleich zu **konventionellen** Werkzeugmaschinen:

- Die gleichzeitige Ansteuerung mehrerer Achsen mit verschiedenen Zerspanungsverfahren, durch angetriebene Werkzeuge, erlauben die Bearbeitung komplizierter Konturen.

- kürzere Fertigungszeit: Automatische Werkzeugwechsel, schnellere Werkzeugpositionierung

Im Vergleich zu konventionellen Werkzeugmaschinen können sich folgende Punkte nachteilig auswirken:
Höhere Kosten für
- Instandhaltung-, Reparatur- und Werkzeugkosten
- Kosten für die Qualifizierung der Mitarbeiter

In der Regel amortisieren sich diese Investitionen, durch die verbesserten Umsätze, in überschaubaren Zeiträumen.

Geben Sie für die folgenden Befehle nach DIN 66025 einer CNC-Drehmaschine die jeweilige Funktion an: G01, G81, G97, G96, G90, G91, sowie die Maschinenfunktionen M03, M04, M07, M08, M09, M17.

G-Funktionen und M-Funktionen

G Funktionen, Auswahl:

- G 00 Eilgang
- G 01 Linearinterpolation
- G 02 Kreisinterpolation im Uhrzeigersinn
- G 03 Kreisinterpolation im Gegenuhrzeigersinn
- G 90 Absolute Maßangaben
- G 91 Inkremental Maßangaben
- G 96 Konstante Schnittgeschwindigkeit
- G 97 Konstante (Spindel-,) Drehzahl in 1/min

Maschinenfunktionen, Auswahl:

- M 03 Spindel im Uhrzeigersinn
- M 04 Spindel im Gegenuhrzeigersinn
- M 07 Kühlschmiermittel 2 EIN
- M 08 Kühlschmiermittel 1 EIN
- M 09 Kühlschmiermittel AUS
- M 17 Unterprogrammende

Wie viele Achsen hat eine Drehmaschine?

Zwei: x und y.

Wie viele Achsen hat eine Fräsmaschine?

Mindestens drei: X, Y und Z

Auf welchen Punkt beziehen sich die absoluten Maßangaben?

Auf den Werkstücknullpunkt.

Erklären Sie einen Arbeitszyklus.

Beispiel: **Fräsen**

Als Beispiel soll hier der Rechtecktaschenfräszyklus G72 dienen. Alle notwendigen Parameter sind in den einschlägigen Tabellenbüchern (Europaverlag) aufgeführt. Der Vorteil von Zyklen aller Art, besteht darin, dass eine Tasche (vgl. Zeichnung), die hier beispielhaft viermal gefräst werden soll, nur einmal programmiert werden braucht: Mit G79 für Zyklusaufruf an einem Punkt, werden die vier jeweiligen Startkoordinaten in G72 festgelegt. Zyklen aller Art, erleichtern somit das Programmieren sehr, da sich wiederholende Arbeitsschritte, nur einmal programmiert werden.

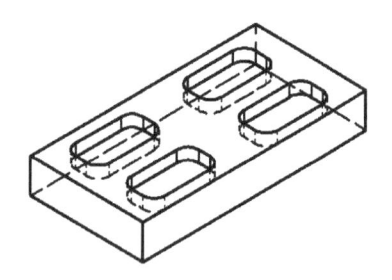

H2023, F2023, F2019

Beispiel: **Drehen nach PAL**

Bei der CNC Programmierung wird unterschieden zwischen der **DIN**- Programmierung und der Programmierung nach **PAL** (Prüfungsaufgaben- und Lehrmittelentwicklungsstelle). Insbesondere diese Einteilung auch in den meisten Tabellenbüchern und vorgenommen.

Bei der Programmierung und Festlegung von Kreisbögen gilt **I** und **J** für das Fräsen, **I** und **K** für das Drehen. I bezieht sich sowohl beim Drehen als auch beim Fräsen stets auf die **X**-Achse. Die Festlegung erfolgt inkremental. Die Blickrichtung erfolgt von P0 bis zum Mittelpunkt. Das Koordinatenkreuz, in der Mitte der untenstehenden Grafik, wird dabei vom Ursprung auf P0 gelegt. Daraus lässt sich direkt ableiten ob eine Bewegung in X oder Y stattfindet und eine Bewegung vom Ursprung des Koordinatenkreuzes in Richtung Plus oder Minus vollzogen wird.

Programmierung von Kreisbögen

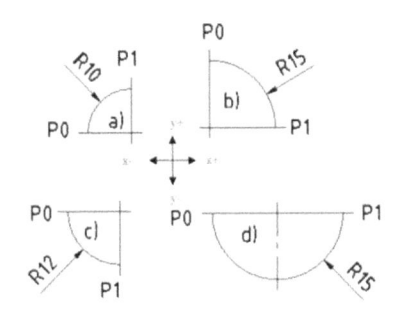

Bogen	G	I	J
a)	02	10	0
b)	02	0	-15
c)	03	12	0
d)	03	15	0

G02 im Uhrzeigersinn , G03 gegen Uhrzeigersinn
I→ X- Richtung, J→ Y- Richtung/ Betrachtung: P0 → zum Ursprung

Programmbeispiel nach **PAL**:

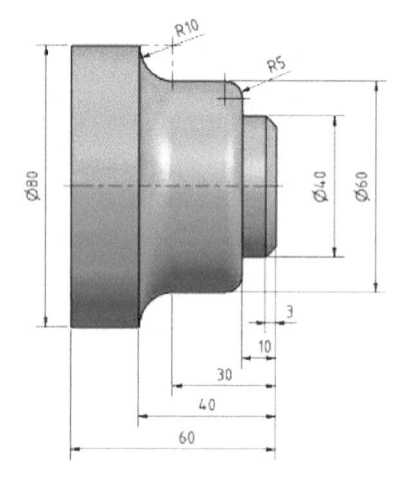

Nr.	G	X	Z	I	K
N10 (Start)	00	30	2		
N20	01	40	-3		
N30	01	40	-10		
N50	01	50	-10		
N60	03	60	-15	0	-5
N70	01	60	-30		
N80	02	80	-40	10	0
N90	01	80	-60		
N100	00	(WWP)			

Beispiel: **Drehen nach DIN 66025**

Beispiel für einen Programmsatzaufbau nach DIN 66025-2

Geometrie, Konturbeschreibung	Technologieanweisung
N Satznummer	
G Arbeitsbewegungen	
X und Z Drehbewegung um die X/Z- Achse	F Vorschub
AZ Aufmaß in Z-Richtung auf die Kontur	S Drehzahl/
AX Aufmaß in X-Richtung auf die Kontur	Schnittgeschwindigkeit
ZA Absolute Maßangabe in Z- Richtung	T Werkzeugaufruf
D Zustellung	M Maschinenfunktionen
V Sicherheitsabstand	

Beispiel für einen Programmsatzaufbau nach DIN 66025-2

N	G	X	Z	AZ.	AX	ZA	D	V	F	S	T	M
30	97								0,2	230	01	
40	00	0	5									03
50	84					-90	30	5				08

Drehteil, Vollschnittansicht:

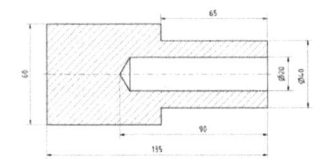

Fertiges Drehteil aus Messing:

Zyklenprogrammiertechnik, Beispiel: G 84 Bohrzyklus

N	G	X	Z	AZ.	AX	ZA	D	V	F	S	T	M
30	97								0,2	230	01	
40	00	0	5									03

G- Funktionen, Zyklenauswahl

G 80 Abschluss Bearbeitungszyklus
G 81 Längsschruppzyklus
G 82 Planschruppzyklus
G 84 Bohrzyklus

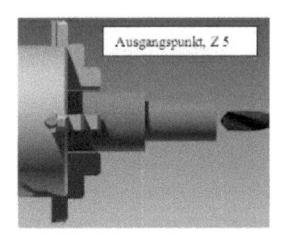

Zyklenprogrammiertechnik, Beispiel: G 84 Bohrzyklus

N	G	X	Z	AZ	AX	ZA	D	V	F	S	T	M
30	97								0,2	230	01	
40	00	0	5									03
50	84					-90	30	5				08

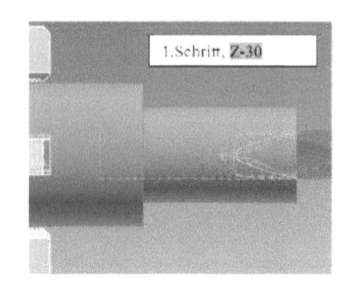

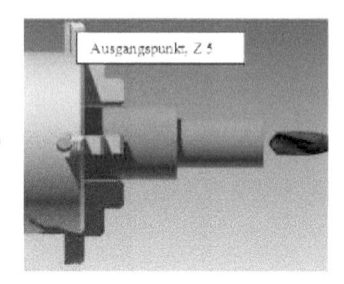

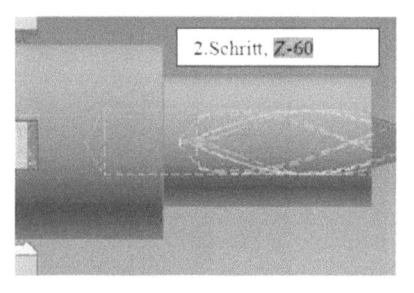

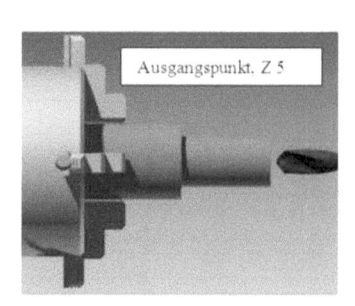

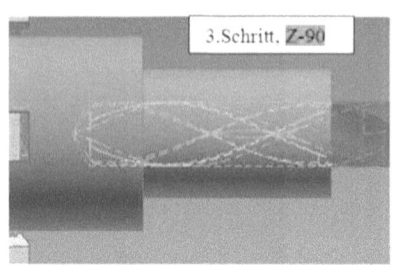

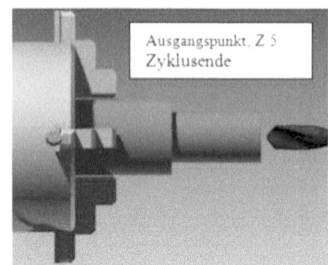

5.8.1 Aufbau und Wirkungsweise NC-gesteuerter Maschinen

Der Begriff „NC"

Der Begriff „NC" kennzeichnet die erste Generation numerischer Steuerungen. Der erste Automatisierungsschritt in Richtung Computersteuerung, für Werkzeugmaschinen, war die NC- Steuerung. Entwickelt in den 1950er, am MIT (Massachusetts Institute of Technology). Die Informationsverarbeitung erfolgte über, Lochkarte / -streifen, EEprom (Speicherkarte), Diskette ohne einen Mikrocomputer oder Prozessor. *Diese Technologie gilt bereits seit 1979 als obsolet und wurde vollständig durch die CNC-Technik ersetzt.*

C= Computer
N=Numerical
C=Control

CNC- Maschinen sind computergesteuerte Werkzeugmaschinen, die seit den 80er Jahren vermehrt Verbreitung gefunden hatten, und mittlerweile Standard geworden sind. Der Hardwaretechnische Aufbau unterscheidet sich maßgeblich von konventionellen Maschinen, insbesondere durch folgende Elemente:

- Kugelrollspindeln, ähnlich wie bei Wälzlagern gelagerte Vorschubelemente, die spielfrei mit Kugeln gelagert sind. Daher ist eine höhere Präzision der Fertigung gewährleistet.
- Wegmesssysteme: Äußerst präzise lichttechnische Meßeinrichtungen für exakte Wegmessungen mit über 0,0001mm Genauigkeit.

- In die Steuerung integrierte Regeleinrichtung für die automatische Drehzahlanpassung (G96, konstante Schnittgeschwindigkeit)
- Werkzeugrevolver, oder Werkzeugringsysteme in einem Bearbeitungszentrum, für eine große Werkzeugauswahl. Alle Werkzeuge arbeiten ausschließlich mit Schneidwerkstoffen bestückt aus Hartmetall, oder schneidkeramischen Werkstoffen, für hohe Schnittgeschwindigkeiten (10-30 fach höher als bei konventionellen Maschinen).
- Werkzeugaufnahmesysteme mit automatischer Werkzeugwechseleinrichtung, für schnellen Werkzeugwechsel.
- Bearbeitungszentren sind mehrachsige, zur Komplettbearbeitung geeignete Werkzeugmaschinen, diese können zerspanende Funktionen von Dreh-, Fräs- und Bohrmaschinen in einer Maschine ausführen.
- Insgesamt stabiler und deutlich belastbarer als konventionelle Werkzeugmaschinen

6 AUTOMATISIERUNGSSYSTEME UND FÖRDERTECHNIK

6.1 Flexible- und automatisierte Fertigung

F2019

Was sind die Kennzeichen der flexiblen Fertigung?

- Automatische Werkstückzuführung, automatisierter Materialfluss
- Digitale Vernetzung mehrere Werkzeugmaschinen: Beständiger Informationsfluss und Datenzugriff auf alle Fertigungsmaschinen. Automatisierte Bestandsmeldung der Lagerbestände, Bestellungen und Werkzeugmagazinzuführungen
- Automatische Ablauf und Überwachung der Fertigung durch ausgeklügelte Sensortechnik.

6.2 Handhabungssysteme

H2023, F2023, H2022, H2021, F2020, H2019, F2019, H2018, F2018, H2017, H2016, F2016, F2015

Durch die hohe Wiederholgenauigkeit und Fehlerfreiheit der Roboter, werden erheblich Fertigungs- und Montagekosten verringert.

Was für **Leistungsmerkmale** von Industrierobotern werden unterschieden
- die Anzahl der Bewegungsachsen
- die Nennlast
- die Geschwindigkeit

- die Wiederholgenauigkeit
- die Positioniergenauigkeit
- der Arbeitsraum

Benennen Sie alle Freiheitsgrade und Achsen der verschiedenen Roboterbauarten.

TTT: Portalroboter

TTR: und **RRT:** Horizontal Schwenkarmroboter

RRR: Knickarmroboter, damit ist **jeder Punkt** im Arbeitsraum erreichbar
(T= Translation, geradlinig; R= Rotation, kreisförmig)
Sensoren:
Konturen und Abstände: Taster
Winkelschrittgeber: Geschwindigkeit, Lage
Sicherheit: Lichtschranken

Bennen Sie die gängigsten Greiferarten für Roboter /Handlingsgeräte:

Mechanisch: Zangen, Scherengreifer, Parallelgreifer- und Fingergreifer
Pneumatisch: Sauggreifer
Elektromagnetisch: Dauermagnete
Adhäsiv: Klettbandgreifer

SCARA (*Selective Compliance Assembly Robot Arm***)-Roboter,** horizontaler Gelenkarmroboter, ähnlich einem menschlichen Arm, können je nach Größe zwischen 1kg und 200kg bewegen. Er wird hauptsächlich für Montage- und Fügeaufgaben eingesetzt.

Handgesteuerte Manipulatoren können zum Bewegen schwerer Bauteile und gefährlicher Lasten verwendet werden.

Ferngesteuerte Manipulatoren sind in Räumen einsetzbar, die wegen Hitze, Kälte, Druck oder radioaktiver Strahlung nicht betreten werden dürfen.

Einlegegeräte werden in der Großserienfertigung eingesetzt, wenn eine Punkt- zu- Punkt- Bewegung auszuführen ist, z.B. die Werkstück- oder Werkzeugzuführung aus einem Magazin in die Maschine.

Pick an Place- Systeme (Aufnehmen und Platzieren) werden unter anderem in der Herstellung für Leiterplatinen (**SMD, oberflächenmontiertes Bauelement**) verwendet. Diese Maschinen ähneln einem Flachbett Plotter. Dieser bewegt sich geradlinig und sehr schnell in 3 Achsen, wobei sich die Z-Achse drehen kann.

Pick an Place Systeme können manuell, teil,- oder vollautomatisiert gestaltet sein.

Welche Programmierarten gibt es?
Online
Playback:

Manuelle Festlegung und Speicherung der Raumpunkte und Greiferfunktionen, anschließend können die Punkte auotmatisch angefahren werden

Teach in:
Verfahrbewegungen von Hand und Geschwindigkeiten sind stufenlos einstellbar und werden abrufbar gespeichert
-Es sind keine besonderen Programmierkenntnisse nötig

Offline
-textbasiert:
Anwendung verschiedener Programmiersprachen (SPS)
-grafisch:
Drahtnetzmodelle werden offline simuliert und programmiert

Koordinatensysteme
Kartesisches Koordinatensystem
Werkzeugkoordinatensystem
Polar-Koordinatensystem

F2020

Wellen für Antriebseinheiten werden nach der CNC-Drehbearbeitung mit einem Industrieroboter in ein Transportsystem abgelegt. Wählen Sie ein geeignetes Programmierverfahren sowie einen geeigneten Greifer aus. Begründen Sie jeweils Ihre Entscheidung.

Geeignetes Programmierverfahren, z. B.:

-Playback-Verfahren (Online-Programmierung) oder Teach-in-Verfahren (Online-Programmierung)

Begründung:

-Erlernen einer Programmiersprache nicht erforderlich (bei OFFline Programmierung hingegen schon)

-Es können beliebige Punkte auf einfache Art und Weise angefahren und gespeichert/ programmiert werden.

-Geeigneter Greifer, z. B.:

-Zangengreifer oder Fingergreifer

Begründung:

Hohe Zufuhr und Ablege- Genauigkeit

F2018, F2019, H2023

Erläutern Sie den Begriff „kollaborierende Roboter"

- Mensch und Roboter arbeiten nahe zusammen.
- Der Roboter entlastet den Menschen bei ständig wiederholenden Tätigkeiten.
- Besondere Aufmerksamkeit und Schulung der Arbeitssicherheit: -In ausreichender Anzahl und Reichweite Notabschaltungseinrichtungen, akustische Warnsignale, geeignete Kameras, geeignete Schutzvorrichtungen

Welche Arbeitsschutzvorrichtungen eignen sich für Handhabungssysteme?

- Schaltmatten, Lichtschranken, Umzäunung
- Laserüberwachung durch Lichtgitter, für flächige oder voluminöse Arbeitsbereiche des Roboters
- Risikoeinschätzung über Art und Umfang der Sicherheitsvorkehrungen

6.3 Förder- und Speichersysteme

H2023, F2023, F2022, H2021, F2021, F2020, F2019, H2017, F2017, F2016

Die Fördertechnik befasst sich mit dem Fortbewegen von Gütern und Personen zwischen zwei begrenzten Entfernungen unter dem Einsatz von Fördermitteln wie Kran, Stapler, Gurtförderer, Hängebahn, Aufzug, Fahrtreppe usw.

Wie werden Fördersysteme eingeteilt?

In Stetigförderer und Unstetigförderer

BEISPIEL:

Es werden täglich in Ihrem Unternehmen 1500 elektrische Antriebe produziert. Nach der Montage werden die Antriebe direkt auf ein 20 m entferntes Transportband ins Lager befördert.

Nennen Sie einen geeigneten Stetigförderer zum Transport von der Montage ins Lager.

Bandförderer, Rollengangsysteme, Fahrerlose Transportsysteme (FTS)

Was sind fahrerlose Transportsysteme (FTS)?

Fahrerlose Transportsysteme navigieren durch induktive Leiterbahnen auf dem Boden, Laser- Triangulation oder Ultraschallsensoren melden Annäherung eines Hindernisses. Laser- Triangulation erfolgt durch das messen drei verschiedener Messpunkte im Raum, zur exakten Positionsbestimmung. Für die Navigation können auch Kamera- und GPS- Systeme zum Einsatz kommen.

Vorteile:
- Anpassung der Lastaufnahmemittel für jedes Fördergut möglich
- geringe Personalkosten
- geringere Personalabhängigkeit
- transparenter Materialfluss
- geringer Flächenverbrauch

Nachteilig:

Im Wesentlichen die relativ hohen Anschaffungskosten

Nach der Verpackung werden die Antriebe mehrere Wochen zwischengelagert Nennen Sie ein geeignetes Lager

-Gebäudelager, -Hochregallager

Begründung:

- trockene Lagerung, da das Gebäude geschlossen ist

- saubere Lagerung, keine Verschmutzung

- Vermeidung von Korrosionspotential, durch trockene Lagerung in geschlossenen Hallen

Die Paletten werden vom Lager zum LKW transportiert und dort verladen. Nennen Sie ein hierfür geeignetes Fördermittel und begründen Sie Ihre Entscheidung.

Der Gabelstapler

Begründung:

-Nutzung nach Bedarf (unstetig)
-flexibel in der zeitlichen Nutzung
-flexibel im Bewegungsraum

F2023, F2021, H2018, H2017, F2017, F2016

Beispiele für Stetigförderer

- Fahrsteig
- Rolltreppen
- Bandförderer
- Gurtbecherwerk
- Kettenförderer
- Kreisförderer
- Paternosteraufzug
- Rollenbahn
- Rollenförderer mit Antrieb
- Schneckenförderer
- Schwingförderer (je nach Betriebsart auch Unstetigförderer)
- Umlaufförderer (Paternoster)
- Wendelrutsche
- Zellenradschleusen

Beispiele für Unstetigförderer

- Portalkran
- Schienenfahrzeuge mit Triebwagen
- Gabelstapler
- Mitgeh-Hochhubwagen („Ameise")
- fahrerloses Transportsystem (FTS)

Beispiele für Lagerorganisationen in ein Hochregallager:
-Freiplatzsystem/ chaotisches System
-Festplatzsystem
Kompaktheit,

Hochregallager haben einen hohen Raumnutzungsgrad, ggf. ein Lagerverwaltungssystem

Nennen Sie Stetigförderer für Distanzen um 10m für KLT (Kleinladungsträger).

Z. B.: Bandförderer, Begründung:
- Vermeidung/Minimierung von Beschädigungen
- geeignet beim geradlinigen Transport
- kostengünstig in der Anschaffung sowie im Betrieb

H2021
Freilager, Definition:
Ein Freilager ist ein Lager ohne baulichen Witterungsschutz mit Zugang für Transportmittel. Freilager sind durch Zäune, verschiedenartige Beschilderungen und Markierungen, von der Umgebung abgegrenzt.

Welche Warenarten sind für das Freilager geeignet?
Witterungsbeständige Güter von geringerem Wert:
- Schüttgut
- Gewerbeabfall
- Diebstahlsichere Fahrzeuge
- Müll und Schrott

Vorteile des Freilagers
- Geringe Investitionskosten
- Geringe laufende Kosten, weniger Instandhaltung und keine Klimatisierung notwendig
- Geringe Lagerkosten bei Anmietung in den Freizonen
- Um Lagerkosten gering zu halten ist für weniger wertvolle und robuste Waren, das Freilager, dem geschlossenen Lager vorzuziehen

Nachteile eines Freilagers können sein:
- Nur für wenige Arten von Waren gut geeignet
- Ohne baulichen Witterungsschutz
- geringer Schutz vor Diebstahl und Vandalismus
- Bei Nutzung als *Zwischenlager*: Erhöhtes Beschädigungsrisiko, für Maschinen aller Art, durch Staub, Korrosion, UV-Licht.
- Kunststoffteile können ausbleichen.

Nennen Sie Unstetigförder für längere und/oder verwinkelte Distanzen für KLT, beispielsweise in einem Freilager.

Gabelstapler sind flurgebunden, beweglich, und sofort einsetzbar. Für geschlossene Räume sind Gabelstapler mit Elektromotor auch gut geeignet.

Unterscheide Tragmittel, Anschlagmittels und Lastaufnahmemittel (LAM).
Tragmittel, mit dem Kran fest verbunden:
Kranhaken, Greifer oder Traversen

Anschlagmittel, nicht mit dem Kran fest verbunden:
- textile Rundschlingen, Hebegurte aus Naturfasern
- Stahlketten, Stahlseile

Lastaufnahmemittel (LAM) nicht mit dem Kran fest verbunden:
aktives LAM
Gabel zur Aufnahme von (Euro-Paletten, Gitterboxen,…)
Rollenbahn, Gurtförderer oder Kettenförderer für Aufnahme von Euro- Paletten, Gitterboxen, Kleinteileladungsträgern (KLT),…

passives LAM
führungslose Flächen zu Abstellen

Benennen Sie mögliche Flurförderfahrzeuge im Lager
Flurförderfahrzeuge dienen zum Transport von Gütern ebenerdig. Flurfreie bewegen sich vertikal, oder unter der Decke.

Flurförderfahrzeuge nach VDI[1] können kraftbetrieben, automatisiert oder manuell betrieben sein:

- Handbetriebene Geräte
- Benzin- und Treibgasgeräte
- Dieselfahrzeuge für den Außenbereich
- Elektro-Geh-Geräte
- Elektro-Stand-Geräte
- Elektro-Fahrersitz-Geräte
- Kommissioniergeräte

Speicherung:
Welche Speichersysteme und Möglichkeiten der Lagerorganisation gibt es?
Speichersysteme:
Freilager, für Schüttgut wie Sand
Bunkerlager, Vorratslagerung wie Brennstoffe
Gebäudelager geeignet für Blocklagerung und Hochregallager

Lagerorganisation:
Fifo-Prinzip (first in- first out)
Lifo-Prinzip (last in- first out)
Fefo-Prinzip (first expired- first out)

---

[1] VDI Verein deutscher Ingenieure, https://www.vdi.de/

F2019

Maßnahmen die beim innerbetrieblichen Transport von Handbohrmaschinen beachtet werden müssen:

- Im Betrieb müssen die Verkehrswege gekennzeichnet sein.
- Die Handbohrmaschinen müssen fachgerecht verpackt sein, um das Eindringen von Schmutz und Staub zu verhindern.
- In einem freien Lager müssen die Paletten vor Feuchtigkeit geschützt werden.

7 RECHNERGESTÜTZTE SYSTEME CAD/CAM

H2023, H2022, F2022, F2021, H2020, F2020, H2019, F2019, H2018, H2017, F2017, F2016, F2015

Grundbegriffe:

CIM, Computer integrierte Fertigung, versteht sich als vollständige Vernetzung zwischen allen Bereichen der Fertigung. Die computerunterstützte Konstruktion, CAD, direkt gekoppelt mit CNC zu CAD-CAM. Über entsprechende PPS Softwaremodule und der Fertigungsplanung, CAP, ist ein direkter Datenaustausch möglich. Je nach Art der Arbeitsorganisation können weitere Module wie CAQ, (Computerunterstütztes Qualitätsmanagement), Betriebsdatenerfassung, BDE und weitere Computer- Aided-x, (Computerunterstützende Module) vernetzt werden.

CIM umfasst:
- Computer Aided Design (CAD)
- Computer Aided Planning (CAP)
- Computer Aided Manufacturing (CAM)
- Computer Aided Engineering (CAE)
- Computer Aided Quality Assurance (CAQ)
- Computer Aided Testing (CAT)

CIM

CIM → Computer-Integrated Manufacturing → Computer integrierte Fertigung, steht als Oberbegriff für sämtliche mit Computern unterstützten Bereiche eines Unternehmens:

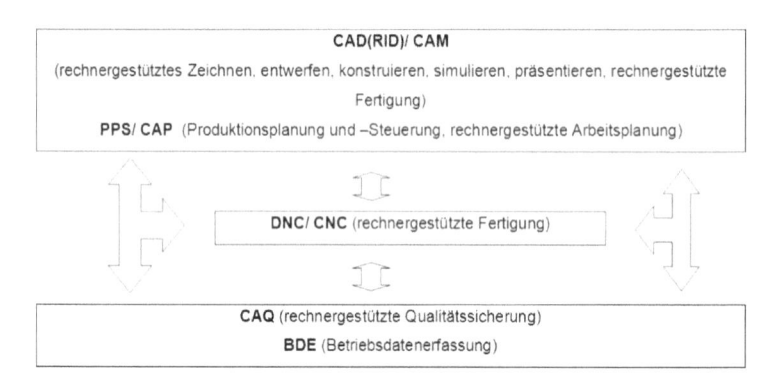

CAD(RID)/ CAM
(rechnergestütztes Zeichnen, entwerfen, konstruieren, simulieren, präsentieren, rechnergestützte Fertigung)
PPS/ CAP (Produktionsplanung und –Steuerung, rechnergestützte Arbeitsplanung)

DNC/ CNC (rechnergestützte Fertigung)

CAQ (rechnergestützte Qualitätssicherung)
BDE (Betriebsdatenerfassung)

Vorteile von CIM:
CIM kann erheblich Kosten einsparen, da die computerintegrierte Produktion den Arbeits- und Organisationsaufwand deutlich verringert und den betrieblichen Informationsfluss verbessert.
Die Maschinenauslastung lässt sich besser optimieren.

Nachteile von CIM:
- Die Kosten für die Anschaffung sind hoch.
- Schulung von Personal ist meistens erforderlich.
- Kompatibilität von Schnittstellen
- Ein Spezialist sollte ständig verfügbar sein.

Welche Möglichkeiten bieten 3D- im direkten Vergleich zu 2D- CAD Systemen?
- Im 2D Bereich sind nur Ansichten eines Bauteils darstellbar, im 3D Bereich ein Volumenmodell
- Baugruppendarstellung mit Explosionszeichnungen
- CNC- Programmierung

- O Von einem Volumenmodell können direkt 2D Ableitungen z. B für Fertigungszeichnungen erstellt werden.
- O DNC- Bearbeitung
- O CAD/ CAM Schnittstellen, FEM, Animations- und Präsentationsfeatures
- O Berechnungen mechanischer Eigenschaften (Gewicht, Tragfähigkeit, Flächen,-Widerstandsmomente, Statik)

Lösung:

- ✓ Im 2D Bereich sind nur Ansichten eines Bauteils darstellbar, im 3D Bereich ein Volumenmodell
- ✓ Baugruppendarstellung mit Explosionszeichnungen
- ✓ Von einem Volumenmodell können direkt 2D Ableitungen z. B für Fertigungszeichnungen erstellt werden.
- ✓ CAD/ CAM Schnittstellen, FEM, Animations- und Präsentationsfeatures
- ✓ Berechnungen mechanischer Eigenschaften (Gewicht, Tragfähigkeit, Flächen,-Widerstandsmomente, Statik)

7.1 CAD-Techniken

H2015, H2016, H2017, F2019, F2022, H2022, H2023

Wie effektiv ist das Arbeiten mit Normteilbibliotheken?

Bei den meisten modernen CAD- Systemen sind Normteilbibliotheken in der Standardversion enthalten. Darüber hinaus bieten spezielle Internetportale umfangreiche Datenbanken an, in denen von allen bekannten branchenspezifischen Herstellerfirmen (z.B. Rohr- und Ventilsysteme aus der Verfahrenstechnik, Mechatronik, Steuerungstechnik, Regelungstechnik, usw.) **sämtliche Normteile**, als 3D- Datei zum Download zur Verfügung stehen.

Normteilbibliotheken ermöglichen somit für den Konstrukteur ein enorm effektives und **zeitsparend**es Arbeiten. Folglich werden dadurch natürlich auch die **Kosten gesenkt**. Es sind **alle Normteile**, die in einer **Bauteilstückliste** aufgeführt sind, in den Normteilbibliotheken verfügbar und können von dem Konstrukteur, direkt aus der jeweiligen Normteilbibliothek in der Baugruppenansicht eingefügt werden, ggf. *adaptiv* (eingepasst) eingefügt werden. **Aus Kostengründen sollte der CAD- Konstrukteur/ Anwender stets prüfen, inwieweit das geplante Bauteil bereits als 3D- Normteil fertig zur Verfügung steht und ein passendes Dateiformat verfügbar. Z.B. für Autodesk-INVENTOR die 3D-Datei die Endung „.ipt", aufweist.** Das gilt insbesondere für zeitaufwendig zu konstruierende Maschinenelemente wie Spiralfedern, Kupplungen, Kettentriebe, usw. *Nur Bauteile, die in keiner Normteilbibliothek zu finden sind, ist vom CAD- Konstrukteur selbst zu entwerfen.*

F2020,

Ein Unternehmen arbeitet mit professionellem 3D-CAD-. Es stehen Normteilbibliotheken und ein Berechnungsprogramm für Wälzlager zur Verfügung. Wie sollten die korrekten Arbeitsschritte für den Austausch eines neuen Lagers aussehen?

- Entfernen alten Lagers.
- Auswahl eines Lagers aus der digitalen Normteilbibliothek (aus dem CAD- System selbst, oder einer online- Bibliothek), das den Anforderungen entspricht.
- Rechnerische oder tabellarische Ermittlung der erforderlichen Lebensdauer
- Einfügen des neuen Lagers aus der Normteilbibliothek.

H2019
Wie kann im CAD- Bereich, Datenschutz und Datensicherheit, gewährleistet werden?
Printmedien sollten unter Verschluss gehalten werden, diese müssen teilweise in großer Zahl aufwändig kopiert werden. Für den digitalen Raub von Dateien genügt bereits ein USB- Stick.
Im Gegensatz zu früher, müssen zusätzliche Datenschutzmaßnahmen eingeführt werden:
-Passwort geschützter CAD- Arbeitsplatz
-eingeschränkte Zugangsberechtigung für alle Mitarbeiter
-hochwertige Internetfirewalls
-Verschlüsselungssoftware für Dateien
-Ende zu Ende verschlüsselte E-Mail-Konten

Welche Möglichkeiten bieten CAD-Maschinenbau- Standard- Konstruktionsberechnungsmodule?

Berechnungsmodule sind im Wesentlichen ausgeklügelte Assistenten, die dem Konstrukteur die Konstruktionsarbeit erleichtern und rationalisieren. Bei Zahnradberechnungen beispielsweise, werden eine Vielzahl von Parametern und Kenngrößen abgefragt. Auf Basis dieser Werte generiert der jeweilige Assistent das Zahnradpaar passend zur Gesamtkonstruktion der Maschine oder Anlage.

Auswahlansicht aus AutoDesk- 3D-CAD-Inventor:

Integrierte Standard- Berechnungsmodule sind überwiegend:
- Schraubverbindungen
- Bolzenverbindungen
- Gestelle aus Stahlprofilen
- Wellen
- Getriebe- und Zahnräder
- Wälzlager
- Keilriemen
- Keilverbindungen
- N Kurvenscheiben
- Keilwellen
- O-Ring- Ketten
- Druck- und Zugfedern
- Tellerfedern
- Torsionfedern

Weitere betrieblich erforderliche Module können kostenpflichtig durch die jeweilige CAD-

Softwarelizensierungsfirma angepasst, oder erworben werden.

7.1.1 Grundlagen der rechnergestützten Konstruktion und Fertigung

H2020, H2018, F2018, H2015

Kriterien für ein CAD-System:

- geeignete Hardware
- Kosten für Hardware, Software, Wartung und Mitarbeiterschulung
- fachliche Kompetenz
- durch notwendige Lehrgänge und/oder Schulungen von Mitarbeitern, dadurch bedingte Fehlzeiten
- Grundsätzliche Bereitschaft der Mitarbeiter

Wie sehen die Hard- und Softwarevoraussetzungen für CAD/CAM aus?

-Software- Voraussetzungen für CAD/CAM:
  o Professionelles 3D-CAD System mit CAM-Postprozessor (spezielles Computerprogramm)

-Hardware- Voraussetzungen:
  o Leistungsfähiger Desktopcomputer mit hochwertiger Grafikkarte und entsprechenden Bildschirm, mindestens 27 Zoll
  o CNC- Maschine mit CAM-Schnittstelle

Geometrie Daten aus einem 3D- CAD- System werden in eine CNC- Maschine automatisch übernommen. Die Konvertierung der 3D- Zeichnungsdatei aus einem 3D- CAD System erfolgt in die jeweilige CNC- Maschine durch einen

Postprozessor (bisher verwendet jeder Werkzeugmaschinenhersteller eigene Postprozessoren). Somit kann die CNC-Maschine unmittelbar das auf dem CAD- Bildschirm konstruierte Bauteil, ohne CNC-Programmierung, direkt fertigen. In bestimmten Ausnahmefällen kann eine CNC-Programmoptimierung durch eine CAD/CAM- Fachkraft erforderlich sein.

7.1.2 Skizzenerstellung und Bauteilmodellierung

H2015

Wie wird mit einer 3D-CAD Zeichnung begonnen?

1 alle Elemente werden maßlich bestimmt

zweidimensionaler Skizzenentwurf

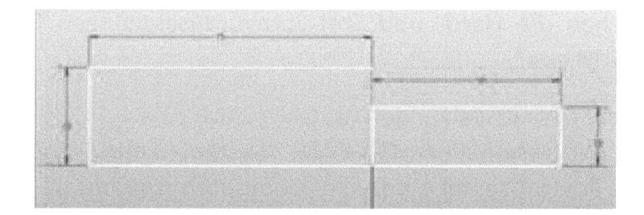

H2018, F2023

Welche Arten von Modell- Bemaßung im 3D- CAD- Bereich gibt es? Erläutern Sie diese.

Bei der Neukonstruktion von Bauteilen wird im Skizzenmodellmodus (vgl. Bild oben), die **zweidimensionale** Grundgeometrie entworfen und maßlich bestimmt. Danach wird im dreidimensionalen Modelliermodus gewechselt, und aus der zweidimensionalen Skizze, über entsprechende Befehle, ein

dreidimensionales Volumenmodell generiert, anschließend wird das Bauteil weiter fertig bearbeitet.

Im Skizzenmodellmodus wird die **feste Bemaßung**, oder „**Skizzenbemaßung**", wie Linien- und kreisförmige Elemente eindeutig bestimmt. Für nachträgliche Änderungen kann jederzeit aus dem Volumenmodelliermodus in den Skizzenmodellmodus, über die Browsersteuerung im CAD-Programm, gewechselt werden. Bemaßungsänderungen aus dem Skizzenmodellmodus werden, in der Regel, direkt in den Volumen-Modelliermodus übernommen.

Eine weitere Möglichkeit bietet die sogenannte „**Parametrische Bemaßung**" über Tabellen (vgl. Bild), im Volumenmodelliermodus, kann hier durch den Befehl „Parameter", das Modell direkt in der Tabelle vermaßt werden. Beispielsweise wirkt sich eine Vermaßungsänderung von 30 auf 20 mm, direkt auf das Modell aus, und der eingetragene Wert verändert unmittelbar nach dem Eintrag auf Durchmesser 20 das Volumenmodell entsprechend.

Somit lässt sich auf sehr rationelle Weise aus einem Grundmodell, eine Vielzahl, verschiedener Varianten erstellen, beispielsweise mit unterschiedlichen Bohrungen, oder unterschiedlichen Außenmaßen. Hieraus resultiert natürlich auch eine **Entwicklungszeit- und Kostenersparnis**, gegenüber konventionellen Methoden.

Parametrische Bemaßung

Durchmesser geändert von 30 auf 20mm

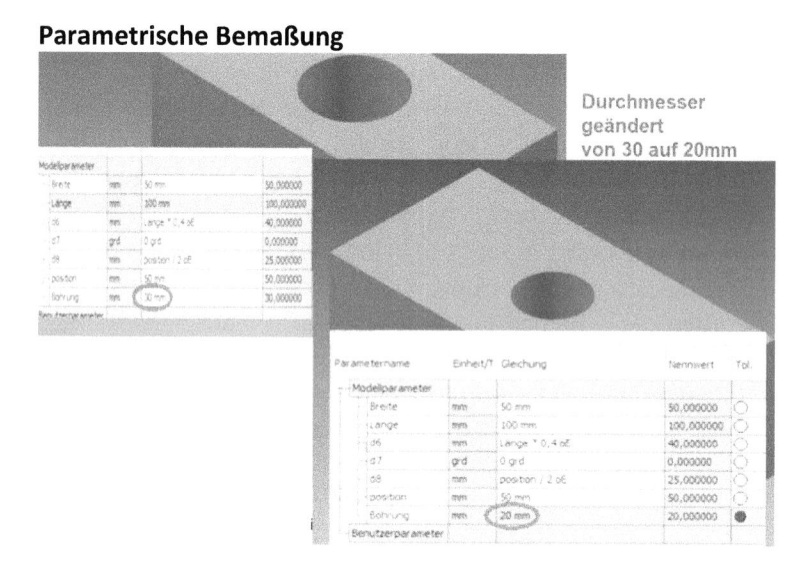

2 das fertige Drehteil, 3D- Modellansicht

Nach der 2D-Ansicht wird in die Volumenmodellierebene umgeschaltet und mit dem Befehl „um die Achse Drehen"- das Volumenmodell erstellt:

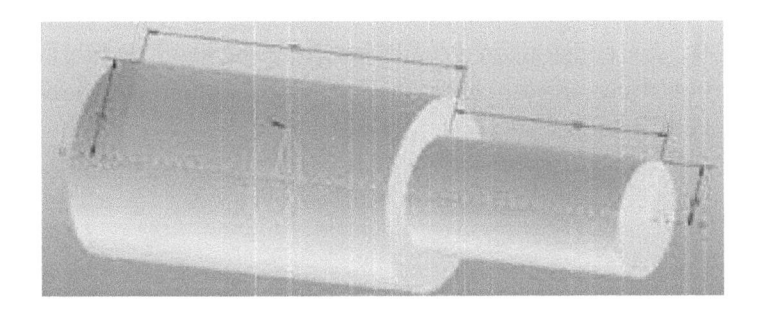

3 Fertigungszeichnung für die Produktion

Sobald ein Volumenmodell generiert wurde kann automatisch eine neue Zeichnungsdatei erstellt werden. Zuvor wird eine geeignete Ansicht als Vorderansicht bestimmt und weitere Ansichten, auch in 3D, können nach Wunsch automatisch abgeleitet werden.

2D Ableitung aus der 3D- Modellansicht

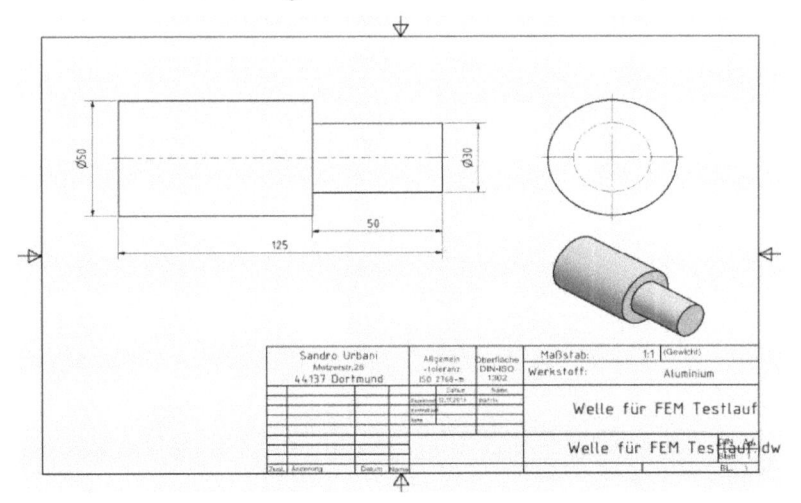

4. Zur endgültigen Produktionsfreibage kann noch eine Belastungsanalyse, mit Hilfe der Finite Elemente Methode, FEM, erfolgen

Ergebnis der FEM Simulation:

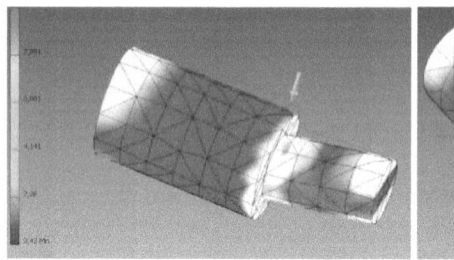

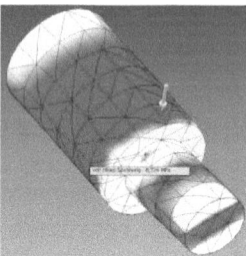

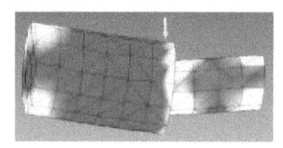

Ergebnis der FEM Simulation:
Die tatsächliche Verformung

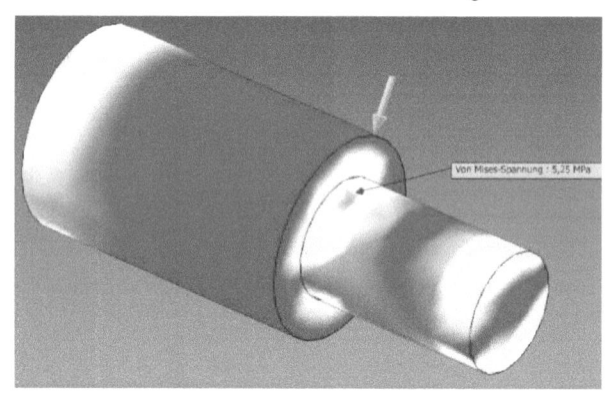

An der „von Mise- Spannung" (Gestaltänderungshypothese) lässt sich ablesen, dass an

der Stelle, der schwächste Punkt, bezogen auf die einwirkende Kraft ist.

Benennen Sie eine weitere Simulationsmöglichkeit.

Beispiel:

Eine weitere gebräuchliche Simulationsmöglichkeit ist: *„das Bauteil nach Abhängigkeiten bewegen".*

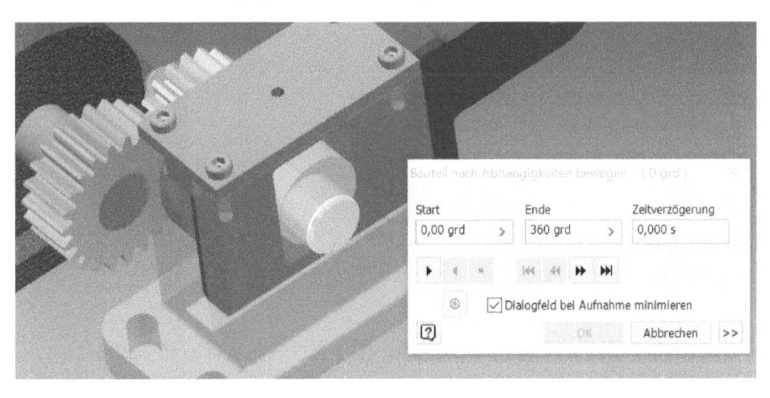

Um zu veranschaulichen wie die kreisförmige Bewegung der Zahnräder in eine geradlinige Bewegung des Schiebers umgewandelt wird, kann mit der Funktion, *„das Bauteil nach Abhängigkeiten bewegen",* die *Winkelabhängigkeit* aktiviert und eine beliebige Gradzahl eingestellt werden. Die Zahnräder zusammen mit der Exzenterwelle und dem Schieber rotieren nach dem eingestellten Wert, vgl. Abbildung. Beispielsweise ergeben sich bei einem Wert von 360 Grad genau eine Umdrehung, bei 2000 Grad/ 360Grad, 5,56 Umdrehungen.

Welche verschiedenen Modelle gibt es in der 3D- Ansicht?

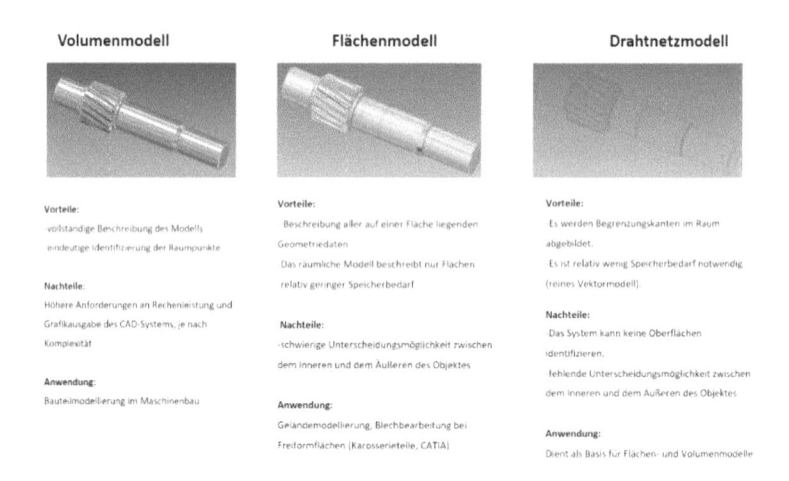

Volumenmodell	Flächenmodell	Drahtnetzmodell
Vorteile: vollständige Beschreibung des Modells, eindeutige Identifizierung der Raumpunkte	**Vorteile:** Beschreibung aller auf einer Fläche liegenden Geometriedaten. Das räumliche Modell beschreibt nur Flächen, relativ geringer Speicherbedarf	**Vorteile:** Es werden Begrenzungskanten im Raum abgebildet. Es ist relativ wenig Speicherbedarf notwendig (reines Vektormodell).
Nachteile: Höhere Anforderungen an Rechenleistung und Grafikausgabe des CAD-Systems, je nach Komplexität	**Nachteile:** schwierige Unterscheidungsmöglichkeit zwischen dem Inneren und dem Äußeren des Objektes	**Nachteile:** Das System kann keine Oberflächen identifizieren, fehlende Unterscheidungsmöglichkeit zwischen dem Inneren und dem Äußeren des Objektes
Anwendung: Bauteilmodellierung im Maschinenbau	**Anwendung:** Geländemodellierung, Blechbearbeitung bei Freiformflächen (Karosserieteile, CATIA)	**Anwendung:** Dient als Basis für Flächen- und Volumenmodelle

BEISPIEL:
F2023, H2022, H2021, F2021, F2020, H2016

Nennen Sie weitere Vorteile, die sich durch das Arbeiten mit 3D- Modellen ergeben.

Ansichten müssen nicht aufwändig überlegt und gezeichnet werden, sondern werden direkt vom Modell abgeleitet. Dadurch sind Fehler in den Ansichten fast ausgeschlossen. Veränderungen am Modell bewirken automatisch die entsprechenden Änderungen in allen Zeichnungsansichten. Lediglich Anmerkungen, Bemaßungen und Kommentationen werden manuell eingepflegt.

Aus den einzelnen Bauteilen kann die gesamte Vorrichtung oder Maschine in 3D zusammengesetzt und die Einzelteile können durch Verknüpfungen exakt zugeordnet werden. Die gesamte Konstruktion kann sich so auch ein weniger geübter Betrachter sehr gut vorstellen.

Eine Simulation von Bewegungsabläufen und Kontrolle der Funktionsfähigkeit von Maschinen und Geräten sowie die Ermittlung von Kollisionen ist somit möglich. Beispielsweise Montagesimulationen einzelner Bauteile zu einer Baugruppe.
Ermittlung von Bauteileigenschaften, z. B. Masse von Einzelteilen und der Gesamtmasse von Erzeugnissen.

Der 3D-Datensatz für Einzelteile kann über eine STL-Datenschnittstelle an ein Rapid-Prototyp-System überspielt werden. Dieses erzeugt dann einzelne Bauteile, Kleinserien, oder z. B. Teile von Spritzwerkzeugen.

Variantenkonstruktionen: Ein fertiges Bauteil wird kopiert es werden spezifische Änderungen vorgenommen, schon ist eine Variante vom Original entstanden. Beispiel: Aus einem Motor mit 2 Liter Hubraum wird ein Motor mit 3 Liter Hubraum erstellt. Die konstruktive Gestaltung und Dimensionierung alle umgebenden Bauteile werden angepasst. **Grundsätzlich empfiehlt sich die Variantenkonstruktion bei Bauteilen mit wenig Abmessungen für viele ähnlich zu gestaltenden Bauteile.** Mit der parametrischen Bemaßung (Tabellensteuerung) können durch Änderung einzelner Bemaßungen, rationell und einfach Varianten erstellt werden. Dadurch wird einiges an Konstruktionszeit eingespart. Die Parametrisierung der variablen Bemaßung erfolgt über eine spezielle Tabelle. Diese Tabelle wird durch den Konstruktionsablauf vom System automatisch erstellt und ist jederzeit im CAD- Programm abrufbar.

Zusammenfassung Variantenkonstruktion:

-Aus einer Basiskonstruktion können viele Varianten erstellt werden. Daraus folgt eine enorme Kosten- und Zeitersparnis.

-die cncparametrische Bemaßung ermöglicht eine übersichtliche Verwaltung und Steuerung der Varianten in Tabellenform.

-entsprechend rationell lässt sich die CNC- Fertigung zeit- und kostengünstig optimieren, insbesondere mit einer CAD/CAM Schnittstelle

Welche Unterschiede gibt es zwischen 2D und 3D?

Beispiel: Maßänderung

Ein Durchmesser von einer Buchse mit Flansch, wird in 3 Ansichten und einer Volumenansicht dargestellt. Ein Durchmesser wird von 35 auf 40mm in der Volumenansicht geändert. Wie wirkt sich die Änderung in einem 2D- System, wie in einem 3D- System aus?

In einem 2D-System müssen alle anderen Ansichten einzeln manuell geändert werden.

In einem 3D-System ändern sich die abgeleiteten Ansichten automatisch mit.

7.1.3 Einsatzbereiche
H2015

Einsatzbereiche können sein:

- Zusammenbau und Baugruppen
- Komplexe Berechnungsalgorithmen mit Dokumentation
- Bauteilberechnungen für Statik- und Festigkeitkennwerte
- Finite Elemente Methode (FEM)
- 3D- Simulation und Kollisionsermittlung
- Anschauliche 3D- Präsentationen
- Produktwerbung
- Anschauliche technische Dokumentation und Illustration
- Digitaler Datentransfer an Kunden und Zulieferer
- Generierung von Bauteilstücklisten für die Fertigung
- Generierung von Mengenstücklisten für die Kalkulation

Nennen Sie Eigenschaften von FEM (Finite Elemente Methode):

- Simulation plastischer Verformungen
- Sichtbarkeit plastischer Verformungen
- Reduzierung der Entwicklungskosten
- Bauteildimensionierung auf Schwachstellen
- Verkürzung der Entwicklungszeit

Wie funktioniert die Finite- Elemente- Methode?

Ablauf einer FEM- Analyse, Beispiel Welle: Bringen Sie die Arbeitsschritte durch Nummerierung in die **richtige Reihenfolge:**

Eine Drahtnetzansicht wird zur besseren Deutlichkeit bei der Simulation aktiviert

Die unterschiedlichen Farben geben in einer Legende an wie stark die Verformung auftritt. Es können exakte statische, geometrische und Festigkeitskennwerte abgerufen werden

Es wird ein Bauteil aus einer CAD Datenbank in die FEM geladen

Das Bauteil lässt sich mit seinen tatsächlichen oder möglichen Verformungen am Bildschirm darstellen

Festlager werden bestimmt, danach werden angreifende Kräfte an dem Bauteil angetragen

Sämtliche Informationen zusammen, ermöglichen eine erste Beurteilung, inwieweit das Bauteil den Anforderungen genügt oder nicht

Die Simulation wird gestartet und basierend auf den Gesetzmäßigkeiten der Festigkeitslehre (partielle Differentialgleichungen, hook'sche Gesetze) werden geometrische Polygone, die alle miteinander durch Knoten verknüpft sind, berechnet

Richtige Reihenfolge:
1) Es wird ein Bauteil aus einer CAD- Datenbank in die FEM geladen.

2) Festlager werden bestimmt, danach werden angreifende Kräfte an dem Bauteil angetragen.

3) Eine Drahtnetzansicht wird zur besseren Deutlichkeit bei der Simulation aktiviert.

4) Die Simulation wird gestartet und basierend auf den Gesetzmäßigkeiten der Festigkeitslehre (partielle Differentialgleichungen, hook'sche Gesetze) werden geometrische Polygone, die alle miteinander durch Knoten verknüpft sind, berechnet.

5) Das Bauteil lässt sich mit seinen tatsächlichen oder möglichen Verformungen am Bildschirm darstellen.

6) Die unterschiedlichen Farben geben in einer Legende an, wie stark die Verformung auftritt. Es können exakte statische, geometrische und Festigkeitskennwerte abgerufen werden.

7) Sämtliche Informationen zusammen, ermöglichen eine erste Beurteilung, inwieweit das Bauteil den Anforderungen genügt oder nicht.

7.2 CAD/ CAM

F2015, H2015, H2020, H2018, F2018, H2021, F2022

Bennen Sie Vorteile der CAD/CAM-Produktion:

-Aus fertiggestellten 3D Ansichten können Fertigungszeichnungen abgeleitet werden

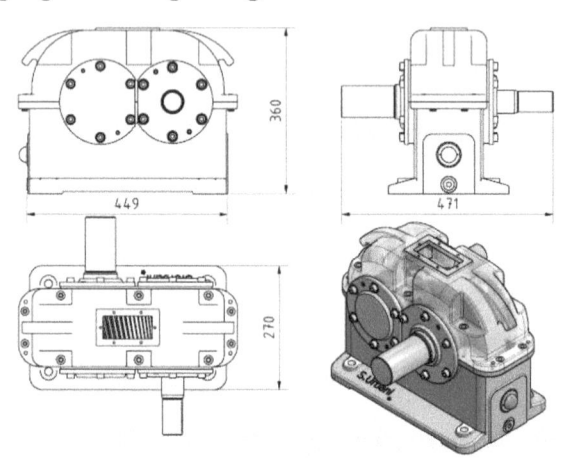

-Arbeiten mit Normteilbibliotheken, im CAD-System integriert, und/ oder online- Bibliotheken. Online-Bibliotheken verfügen mittlerweile über gigantische Datenbanken die neben Normteilen, vollständige Bauteile, bis zu komplexen Baugruppen für Maschinen und Anlagen verwalten und stellen diese für das jeweilige Projekt anpassbar zum Download bereit. Der Konstrukteur kann sich durch Registrierung auf der jeweiligen Internetseite einloggen, und das gesamte Angebotsspektrum sehr vieler namhafter Herstellerfirmen, überwiegend kostenfrei nutzen.

-Enorme Zeit- und Kostenersparnis durch Konvertierung der verschiedenen Dateitypen in Postprozessoren zwischen 3D- CAD und der CNC- Maschine

- Freiformflächen (beispielsweise Karosseriebauteile in der Blechfertigung für PKW), komplexe Geometrien aller Art, sind konventionell mit CNC-Programmierung faktisch unmöglich zu programmieren (da unzählige Programmschritte und Berechnungen nötig sind).

-Vermeidung von Fehlern durch manuelle Programmierung der Geometrie

-in Simulationen (Bewegungsabläufe, Kollisionsprüfung, Belastungsanalysen mittels FEM), können am Bildschirm Fehler sichtbar werden

7.2.1 CNC-Kopplung

CNC-Kopplungen erfolgt durch Postprozessoren (Programme) und CAD/ CAM- Schnittstellen. Damit wird der Automatisierungsgrad enorm erhöht, Einrichtungszeit der Maschinen eingespart und die Fertigungskosten gesenkt.

7.2.2 Postprozessor
vgl 7.2 und 7.2.4

CAD-> CAM-> CNC

Ein CAM- System wandelt durch Postprozessoren 3D- Geometriedaten (vom CAD- System), in ein CNC- Programm um. Postprozessoren sind Übersetzerprogramme, die je nach CNC- Maschine unterschiedliche Codierungen verwenden. Beim Einrichten für eines neues Serienprodukt, können noch Abfragen über Werkzeuge, Technologieparameter, usw. erfolgen. Eine manuelle CNC- Konturprogrammierung entfällt damit völlig.

7.2.3 Schnittstellen
- **Schnittstellenarten/ Datenformate:**

STEP (**ST**andard for the **E**xchange of **P**roduct model data) kann in der Regel sämtliche **3D** Daten verlustfrei übertragen

IGES (**I**nitial **G**raphics **E**xchange **S**pecification)
für **2D und 3D** übertragt ausschließlich Geometriedaten

VRML (**V**irtual **R**eality **M**odeling **L**anguage) Beschreibungssprache für 3DSzenerien im Internet

DXF (**D**rawing **I**nterchange **F**ormat) hauptsächlich für AutoCAD **2D**- Programme

STL- **3D**- **St**ereolithographie für Rapid Prototyping
-

Reihenfolge von der CAD Zeichnung zum fertigen Bauteil:

1. Das 3D- Bauteil wird am CAD Bildschirm entworfen.

2. Die Zeichnungsdatei wird in eine kompatibles Datenformat abgespeichert, beispielsweise STEP, STL oder IGES.

3. Die abgespeicherte Datei wird vom CAM-Programm importiert und es erfolgen weitere Abfragen über Werkzeuge, Technologieparameter, Bahnkorrekturen, Vorschübe, etc.

4. Der zum CAM-Programm zugehörige Postprozessor wandelt nun sämtliche Daten in ein CNC-Programm um. CNC- Maschinen mit unterschiedlichen Steuerungen benötigen einen eigenen Postprozessor. Dieser muss zuvor für die jeweilige CNC- Maschine mit dem CAM-System angewählt werden.

5. Das fertige CNC-Programm wird im letzten Schritt von der CNC Maschinensteuerung eingelesen und die Maschine produziert genau das Bauteil, wie es auf dem CAD- Bildschirm im ersten Schritt zu sehen ist.

Zur Anwendung kommen also drei Programme CAD-> CAM-> CNC, mit zwei Schnittstellen:
1. Schnittstelle CAD-CAM
2. Schnittstelle CAM-CNC

In bestimmten Fällen kann es daher schonmal zu Kompatibilitätsproblemen kommen. Mittlerweile werden CAM-Lösungen im Komplettpaket angeboten.

Kompatibilitätsprobleme werden durch die ständige Weiterentwicklung immer seltener.

7.2.4 Probleme bei der CAD/CAM-Produktion
H2022

Was können für technische Probleme auftreten?

Falsche Dateiformate, Lösung: Passendes Dateiformat durch ein entsprechendes Konvertierungsprogramm

Fehlerhafte CAD- Zeichnung, die vom Postprozessor nicht gelesen werden kann. Lösung: 3D- Zeichnung simulieren, auf Zeichnungsfehler überprüfen. Fehlerauslese- Software verwenden

Sehr komplexe Geometrien, u.a. mit Freiformflächen, könnten bei fehlerhaften oder unzureichenden Updates, Fehler verursachen

Bei der Zyklenprogrammierung können Befehle falsch zugeordnet werden und/ oder einzelne Parameter davon fehlerhaft sein.

Mangelhaft geschultes Personal

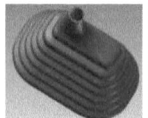

Beispiele für Freiformen

8 GLOSSAR CAx

F2015, H2015, H2020, H2018, F2018, H2021, F2022, H2022, H2023

CAx Oberbegriff, auch **CIM** computerintegrierte Fertigung, unter diesem Begriff werden alle nachstehenden Kürzel zusammengefasst

CAD computerunterstütztes Konstruieren, Entwerfen: Voraussetzung für CAM. Es gibt eine enorme Vielzahl von CAD- Anwendungen in den jeweiligen unterteilten spezifischen Fachrichtungen der Hauptbereiche Maschinenbau, Elektrotechnik, Architektur, Bauingenieurwesen, Zahntechnik, u.a. CAD- Systeme sind modular aufgebaut und können mit weiteren Modulen ergänzt werden, z.B. professionelles FEM (**F**inite- **E**lemente- **M**ethode, Festkörper- Analyse), oder Simulationssoftware für komplexe Bewegungsabläufe, usw. CAD- Systeme lassen sich auf die unternehmensspezifischen Anforderungen anpassen, erweitern oder durch zusätzliche Module ergänzen.

CAE computerunterstützte Entwicklung, fasst alle rechnergestützten Arbeitsprozesse zusammen: BIM (Building Information Modeling)
Hier einige Beispiele:
-CAD
-Mechanische Beanspruchung von Bauteilen und Baugruppen (FEM)
-CNC-Programmierung mit -GPS- **g**rafische **P**rozess**s**imulation (für die Werkstattprogrammierung, oder auch für CAM)
-Rechnergestützte Qualitätssicherung (CAQ)
-Statistische Simulationen (Design for Six Sigma)

- Strömungssimulationen mit Computational Fluid Dynamics (CFD)
- Thermische Simulationen (FEM und CFD)
- Verwaltung von Simulationsdaten (Simulationsdatenmanagement)

weitere:
- Fertigungsprozesssimulationen (CAPE)
- Fluid Structure Interaction (FSI, Fluid-, Struktur- und thermische Koppelung)
- Mehrkörpersimulation (MKS)
- Domänenübergreifende Simulation von komplexen dynamischen Systemen (Systemsimulation und Virtuelle Inbetriebnahme)
- Digital Mock-Up (DMU, Ein- und Ausbauuntersuchungen, Kollisionsprüfungen und Baubarkeitsprüfungen)
- Elektromagnetismussimulationen (FDTD, FIT)
- Electrical Computer Aided Engineering (Schaltungsentwicklung und -simulation)
- Ergonomieanalyse (Human Modeling)

CAM computerunterstützte Fertigung: wesentlicher Teil von CIM, ermöglicht über Postprozessoren die Erstellung von CNC- Codes, für die automatische Erstellung maschinenspezifischer CNC- Programme, direkt vom CAD- Arbeitsplatz. Erzielt werden hiermit eine erhebliche Fehlerminimierung und ein hoher Zeitgewinn, bei der Fertigung komplexer Geometrien.

CNC eine computerunterstützte Fertigungsmaschine: CNC- Programme werden in der Arbeitsvorbereitung erstellt, oder seltener auch an der Maschine (Werkstattprogrammierung, mit einer begrenzten Anzahl von Programmsätzen). Die CNC- Programmierung wird zunehmend von der CAD/CAM- Technologie ersetzt.

NC Mit Lochkarten gesteuerte Maschine (veraltet)

CAD/ CAM computerunterstützte Fertigung ohne manuelle CNC- Programmierung

CAQ computerunterstützte Qualitätssicherung: Dokumentation, Prüfanweisungen, Prüfmittelmanagement, Reklamationsmanagement, statistische Auswertungen

CAP computerunterstützte Arbeitsplanung: Auf Basis mit CAD erstellter Konstruktionsdaten werden Daten für die Fertigungs- und Montage erstellt

PPS Produktionsplanung und -steuerung: Bausteine sind z.B.: Termin- und Kapazitätsplanung, Auftragsfreigabe, Produktionsprogrammplanung, Materialbedarfsplanung

BDE- Betriebsdatenerfassung: es werden Maschinen,-Prozess,-Auftrags,- und Personaldaten fortlaufend erfasst. Z. B.: Ausfälle/ Stillstände von Maschinen, Anwesenheit von Mitarbeitern

Stichwortverzeichnis

4/3 Wegeventile 91
Abnutzungsvorrat 54
aktives LAM 128
Anschlagmittel 128
Arbeitssicherheit 34
Bauteilstückliste 134
Bearbeitungszentren 118
CAD 135, 137, 150, 151, 154
CAM 137
CAQ 131
CIM 131
CNC 109, 110, 111, 122, 137, 151
Condition monitoring 58
DIN 66025 111
DNC 103
DXF 152
fahrerlose Transportsysteme 124
Flurförderfahrzeuge 129
formschlüssig 49
Freiformflächen 154
Freilager 127
FTS 124
Führungsgröße 95
Gleichlauf 23
GLOSSAR CAx 155
GRAFCET 74
Hauptnutzungszeit 7, 20, 39, 40
Humanitäre und ökologische Ziele der Instandhaltung .. 54
Hydropumpen 85
IGES 152
Industrie 4.0 63
Instandsetzung 53, 59

konstanter Schnittgeschwindigkeit	20
kraftschlüssig	49
Lagerorganisation	129
NC	117
Normteilbibliotheken	134, 150
PAL	112
Parametrische Bemaßung	139
parametrischen Bemaßung	145
Passbohrungen	34
passives LAM	129
PPS	131
Rapid Prototyping	61
Regelgröße	95
Regelstrecke	95
Regler	95
Schnittleistung	14, 15, 19, 25, 32
Selbsthaltung	73
Signalfluss	66
spezifische Schnittkraft	15, 16, 17, 31
Spezifischer Luftverbrauch	75
Spritzgießen	8
Standzeit	13
STEP	152
Stetigförderer	124
Stipslick	89
STL	152
Störgröße	95
Tragmittel	128
Variantenkonstruktionen	145
VDI	129
Vorschubweg	39
VRML	152
Wärmebehandlung	10
Wegmesssysteme	117

Wegplansteuerung 65, 66
wirtschaftlichen Ziele der Instandhaltung...................... 53
Zweipunktregler 96